计划经济大范围最优化数学理论（新版）

华罗庚 著

陈木法 石昊坤 编

北京师范大学出版集团
BEIJING NORMAL UNIVERSITY PUBLISHING GROUP
北京师范大学出版社

图书在版编目(CIP)数据

计划经济大范围最优化数学理论：新版 / 华罗庚著；陈木法，石昊坤编. -- 北京：北京师范大学出版社，2025. 6. -- ISBN 978-7-303-31147-7

Ⅰ. F224.9

中国国家版本馆CIP数据核字第2025PC0855号

计划经济大范围最优化数学理论：新版

出版发行：北京师范大学出版社 www.bnupg.com
北京市西城区新街口外大街12-3号
邮政编码：100088

印　刷：天津市宝文印务有限公司
经　销：全国新华书店
开　本：787 mm × 1092 mm　1/16
印　张：5.5
字　数：40千字
版　次：2025年6月第1版
印　次：2025年6月第1次印刷
定　价：21.00元

策划编辑：范　林　曾慧楠　　责任编辑：曾慧楠　周海燕
美术编辑：迟　鑫　　装帧设计：迟　鑫
责任校对：段立超　　责任印制：迟　鑫

1962年华罗庚教授(右二)与毛泽东主席等老一辈无产阶级革命家在一起

1984年华罗庚教授在美国加州帕塞丁纳(Pasadena)的临时住宅内撰写书稿

1985 年 6 月 12 日下午，华罗庚教授在日本东京大学作题为“理论数学及其应用”的学术报告. 图为报告结束前不久的照片. 报告结束后，他回到座位，突然失去知觉，昏倒在地. 经医生全力抢救无效，于当晚仙逝

排版系统

本书使用 TeX 排版系统. TeX 是由著名计算机科学家Donald E.Knuth(高德纳)花费整整十年心血创建并无偿奉献给社会的排版系统, 是 Knuth 创造的最响亮的、影响最大的成果. TeX 是一场出版界的革命, 已有几十年历史, 且汇集多种语系, 直到现在仍是全球学术排版的不二规范. 相较于传统的中文排版软件, TeX 的排版算法经过精心设计, 在处理复杂的数学公式、图表、引用等方面表现出色, 能够确保文字、段落、页面等元素之间的间距、对齐和整体美感达到最优, 从而满足各种复杂的排版要求. 特别地, 为避免浪费空间, 书中的每一命题(包括证明)及每一小节的第一段, 左方都不留空格. 它所排出的美感, 让人们由衷感叹: 啊, 一毫米都不能再挪动了. 如实地说, 与 TeX 系统相比, 在科学性、严谨性、灵活性、包容性诸方面目前国内的出版系统依然有相当的差距, 有待提高.

(参见百度百科 Knuth 词条, 也见 TeX 之父, 或唐纳德·克努特——TEX 和 METAFONT 发明者或 https://blog.csdn.net/china1000/article/details/5622145.)

介 绍

王 元

华罗庚教授遗著《计划经济大范围最优化数学理论》的出版, 是很值得庆贺的事情.

作者在书中研究了制订协调发展的国民经济计划的数学模型, 提出“产综”这一概念. 所谓产综, 就是各经济部门的产量构成的矢量. 而当产综为消耗系数方阵的正特征矢量时, 产量可以成倍增长, 增长率为其对应正特征根的倒数. 如果按正特征矢量来安排生产, 则会得到最高的增长率. 否则, 若不按正特征矢量来投入生产, 则当生产进行到一定时候, 例如若干年后, 一定会出现不平衡现象. 这就需要对计划作出调整, 使投入各部门生产的产量之比尽量与正特征矢量一致. 因此, 这一模型对于如何安排国民经济计划, 如何调整计划, 包括如何进行投资、设备更新等, 有重要参考价值. 当然, 按正特征矢量安排计划是要受设备能力的制约的, 这时可以结合使用线性规划方法来处理.

本书阐述的方法是建立在严格的数学理论基础之上的. 作者首先将上述模型数学化, 然后用严格的逻辑推导,得到一系列结论,再阐明它们在经济学上的含义.本书第二章是专门介绍所需数学理论的.由于作者对所用到的数学理论作了很多深入浅出的研究工作,所以,学过线性代数与实数极限理论者,是可以看得懂的.不具备上述数学修养者,阅读并了解本书的其他章节,是不会有困难的.

华罗庚教授早在 1958 年就在中国科学院数学研究所与中国科学技术大学数学系多次讲授过他的方法,并将这个方法的要点写在论文《有限与无穷,离散与连续—为纪念中国科学技术大学建校五周年所作》[1] 之中,还将这个方法所需的非负方阵理论,写在他的基础数学讲义 [2] 之中.不幸的是,关于这个方法的大量手稿,都在“文化大革命”期间散失了.

从 1982 年开始,华罗庚教授在心肌梗塞发病、身体很虚弱的情况下,经过逐段回忆,逐段撰写,直至与我们永别前不久,才算最后完成了本书的撰写.值得提出的是,经过几年的努力,他不仅重新写出过去的全部发现,还增加了很重要的新内容,特别是本书的“基本定理”(见 §2.6),即使对已有材料,也作了较大的简化.

当然,目前本书仅是理论著作,还未经过实践.我们相信,在广泛实践的基础上,必将对这个理论作出很多必要的补充、修正与发展,这是需要以后的学者与实际工作者来共同努力完成的事情.

本书是华罗庚教授的学术遗著.这不仅是留给我们一部很好的学术著作,他为四化(即工业现代化、农业现代化、国防现代化和科学技术现代化)建设,为学术研究忘我的工作精神,尤其值得我们学习.

在华罗庚教授从事这一研究工作的过程中,曾得到他的助手与学生的帮助.他将所得到的结果,写成摘要陆续发表[3, 4].在本书的定稿与实例的搜集与计算中,裴定一与徐新红同志,参与了工作.

参考文献

[1] 华罗庚,王元(1963).有限与无穷,离散与连续——为纪念中国科学技术大学建校五周年所作.科学通报(12): 4–21.也见华罗庚(1984).华罗庚科普著作选集.上海,上海教育出版社.
[2] 华罗庚(1984).高等数学引论余篇,第九章.北京,

科学出版社.

[3] 华罗庚(1984, 1985). 计划经济大范围最优化的数学理论(I)—(X). 科学通报. 1984 年第12、13、16、18、21 期, 1985 年第 1、9 期. 更详细的信息见“新版序言”的参考文献 [2].

[4] Loo-Keng Hua (1984). *On the mathematical theory of globally optimal planned economic systems*. Proc Natl Acad Sci USA 81(20): 6549–6553.

目　录

新版序言

陈木法

此书为华老的遗著 [1] [1] 的 TeX 版. 如王元先生所写的传记《华罗庚》, 大连理工大学出版社 2010，第 285 页所述, 从 1957 年直至华老仙逝 (1985 年 6 月 12 日), 他为探讨我国经济的发展付出了巨大心血. 无疑地, 他是我国数字经济研究的先驱. 记得他曾将他近三十年关于应用数学的研究概括为"一论、双法". "一论"即是经济优化理论, "双法"即是"统筹法"和"优选法". 他还将此语写成对联. 以"双法"作为上、下两联, 横批为"一论". 由于那个时期我国以计划经济为主, 因此华老的研究集中着眼于当年急需的"计划经济". 华老在他 1980 年代的系列简报 (VII) 中(参见 [2])早已指出: 他的理论模型完全适用于"市场经济", 只需做个简单变换即可. 令笔者无法忘记的是他在之前所发表的十篇短文计划经济大范围最优化数学理论 (I) – (X) 的历史回顾和小结

[1] 本书采用两种引用格式: 或者 [1]~ 指该节(章)参考文献 [1], [1, 2]~ 指该节(章)参考文献 [1] 和 [2]; 或者 [1; xyz]~指该节(章)参考文献 [1] 的某项内容 xyz.

(XI) (完稿于 1985 年 4 月 20 日)中, 称“一论”落空. 我们无法想象老人家以何种心情写下这一句话. 我心中唯有诚心许愿: 不能再次出现这样的结局. 相信华老也无法想象, 费尽心血写下的这本书, 在过去的近四十年中几乎默默无闻.

笔者对自己的无知深感愧疚, 直到 2021 年暑假, 我才得知此书并找到一电子版. 当然书中的大多数内容我已熟悉, 只是发现两个问题: 一是此书对于自己之前有关同一主题的文章 (I)–(X) 全部不提; 二是对于之前难度高得多的带消费模型只写了短短 3 页半([1; §3.1]). 所以猜测也许老先生没来得及写完此书. 哪知此书华老的序言的第一句就否定了刚才的猜测: “序言是在书成之后写的, 但总是放在书的前面.”序言接着写道: “探索也往往如此, 由简单开始, 在实践中, 在思考中不断深化, 不断发展.新的概念和方法出现, 旧的不断被扬弃或遗忘……”这显然回答了前面的疑问, 提示了此书包含新想法、新成果. 基于此, 认真阅读该书, 终于找到了华老的一个极重要的更新([1; §3.1 末段]), 把原来带消费的艰难情形一下子转化成之前我们已熟知的不带消费情形, 得到一次非凡的更新, 使得他的优化理论从整体上得以根本简化. 从而用不着之前所发表的一批短文及当年尚未发表的两篇文章. 经仔细分析, 发现这一段应当是他仙逝之前 53 天内写的. 这也解释了此结果为何沉睡了 37 年而未被发现的原因.

正是因为"有仙人相助", 让我们幸运地找到上述结果, 并加以修正和再更新, 由此开始了新的征程. 我们找到了经济产品分类、稳定性分析、预测与调整和结构优化的新数学方法, 并通过一批国家级投入产出案例, 验证了理论的可行性和可靠性, 显示出这个理论的威力, 请参考文献 [2, 3]. 区别于已有的各种经济理论的主要标志是: 华氏理论是可计算的、可程序化的. 我们将在另一书中详细介绍这个故事.

应当指出: 华老是在 70 岁之后, 因颈椎病卧床仰写三年才完成这部著作; 当年, 他图书馆不能去, 身边既无计算机、也几乎无助手; 赤手空拳、独辟蹊径, 完成这部珍品. 众所周知, 经济乃家之本、国之本. 相信通过大家的共同努力, 我们必定能够实现华老报效祖国的未竟遗愿. 可惜他本人未能见到此书的正式出版. 加上当年的排版技术所限, 原书中存在一些失误, 想必大家能够理解. 虽然不能一一指出, 但我们尽最大努力予以更正; 笔者使用脚注作些说明或补充.

致谢 笔者衷心感谢江苏师范大学[2]石昊坤老师使用 LaTeX 重新排版, 感谢同事陈彬、李月玲、周勤、杨婷等老师的辛勤校对, 感谢华密老师等华老亲属的大力支持和多方面的帮助, 感谢北京师大数学科学学院许孝精教授的鼎力相助, 感谢北京师大出版集团吕建生董事长、姜钰社长、范林编辑、曾慧楠编辑对本著作新版所作出的努力和大力支持.

笔者的本项研究得到国家自然科学基金委重大项目 (项目号: 12090010, 12090011)、国家重点研发计划(项目号: 2020YFA0712900) 和江苏高校优势学科建设工程的资助.

参考文献

[1] 华罗庚(1987). 计划经济大范围最优化数学理论. 北京, 中国财政经济出版社.

[2] 陈木法(2022). 华罗庚经济最优化理论的新进展. 应用概率统计, 38 (2): 159–178.

[3] 陈彬, 陈木法, 谢颖超, 杨婷, 周勤(2022). 经济

[2]为简洁起见, 随后依惯例, 将“师范大学”简称为“师大”.

系统的产品排序与结构优化. 应用概率统计, 38 (4): 475–504.

他(马克思)还认为,一种科学只有在成功地运用数学时,才算达到了真正完善的地步.

——拉法格

序　言

序言是在书成之后写的,但总是放在书的前面.探索也往往如此,由简单开始,在实践中,在思考中不断深化,不断发展.新的概念和方法出现,旧的不断被扬弃或遗忘,因而思索与实践的宝贵过程反而淹没不见了,而书上、文章上所见到的是成熟的或作者自以为成熟的结论.

当然,我不是说体系完备、证明严正的书不必要,而是说读者往往要花很多的时间和精力,才能领会这些结果是怎样得来的,作者为什么如此表达的,等等.

这里写出来的早已不是20世纪60年代开始写的散失已久的原稿,这20年来搞理论研究的同时,又添上用数学方法为国民经济服务的工作,其繁乱可想见也.就是80年代重写的草稿也已五六遍了,虽然规模粗具,但仍觉得有不少不足处.

在两次大病之后,更深深感到,学识不足,精力不济,还有时不等我之感.因此迫不及待地写出这本书来,只要将来可能用得上,对人民有好处,或给后之来者作垫脚石,作为扶栏,因此更上一层楼,于愿足矣.

这可能是最后一次跨出专业的尝试,也可能是最大的失败.且不管这些,努力跑完人生应该跑的最后一段路,吾之愿也.

我的感谢是说不尽的,二十七省市及成千工厂、农场上所见到的数至万计的管理者、工程师、技术员、工人和农民,不是他们,我是不会想到经济领域中的问题的.

其次,我在1982年10月,因为心肌梗塞住了医院,他们一方面向有关方面发了病危的信号,另一方面急心医治,并在我脱险后,立刻对我说,你是一个大脑停不住活动的人,如果叫你不要想,你会想得更多更杂,还不如在专人及监护仪的观察下,继续专心考虑你认为对人民有益的问题.但你要知道你的病是不轻的,和医护人员合作,不要过分用脑.三个月谢绝探视,出院时居然已想出一个轮廓来了.

中央号召对“文化大革命”的否定要彻底,这本书就是一个明显的例子. 对我来说,“文化大革命”使这一工作耽误了20年. 如果手稿不被盗走抄走, 我重新一一想出本书内容的两年, 也就可以为国家多做些其他的工作了. 往者不可谏, 来者可追, 愿和年轻同志团结一致, 共同为四化而献身.

作者

一九八五年

第一章　经济系统

§1.1 引　言

在《回忆马克思恩格斯》第一册中, 拉法格写道: “他(马克思)还认为, 一种科学只有在成功地运用数学时, 才算达到了真正完善的地步 [1; 第 95 页].”

苏联涅姆钦诺夫院士 [2; 第 13 页] 指出: “在这方面, 经济科学不能有任何例外.”这句话无疑是正确的. 他还将经济学与天文学进行比较来论述他的看法. 他说: “天文学是最精密的科学, 尽管在开始宇宙航行之前它还没有一点可能性来检验自己假设的正确性和直接在星际空间进行试验. 天文学之所以成为精密科学, 是由于数学方法在加工天体运行观察时的应用. 经济学成为精密科学的可能性更大些, 因为它的对象处于日常的业务观察和统计观察之下 [2].”

对这一比较, 虽然会有不同的看法, 例如, 时至今日, 天文学毕竟比经济学更早地成为精密的科学了. 事实上, 早在星际航行之前, 天文学家早就先算出了海王星的存在及其轨道和位置, 然后才发现海王星——因此人们誉称之为“铅笔尖上的行星”. 而星际航行的试验, 是在发现海王星、冥王星之后的又一个验证. 经济学能否有这样的预见?

虽然如此, 我们且撇开不谈究竟哪个“可能性”更大些的无谓争论. 我们也认为阐明马克思的论断的正确性是我们的职责. 我们尝试着把数学方法更有效地用到经济领域中去. 从 1960 年前后开始, 在实际中, 从理论上看到了数学方法真正用在经济领域中的可能性, 写了不少手稿, 但在“文化大革命”期间荡然无存.

在党的十二大的号召下, 深知这方面研究的重要性. 因此, 竭尽精力地回忆, 忘年奋勇地创造, 写出了这个小册子, 作为阐明马克思论点的一个开端. 抛砖引玉, 如此而已. 至于马克思著作的其他指导思想的作用, 将在书文中逐一指出.

§1.2 产　综

社会中的经济结构是复杂的. 有各种各样的产品, 各种各样的劳务, 其间有错综复杂的关系, 怎样处理之? 人类文明很早就发明了货币制度, 而且一直延续到今天. 把以吨计的钢铁, 以千瓦小时计的电力, 以立方米计的天然气, 以吨公里计的运输量, 以台数计的机器设备(例如多少标准台的拖拉机), 甚至各种劳务、教育、科学研究、文化费用, 分别用统一的货币数量来表示, 各种产品以同一货币单位(如人民币元)来进行等价交换.

也正因为有了币制, 生产、消费等一切社会经济活动便都可以用同一个单位来计算. 甚至于整个社会的总财富、每年的生产总值都可以用统一的货币单位来表示, 来衡量社会生产的消长和变化.

在历史上, 货币起过很大的作用, 并且在相当长的时间内还将起着作用. 但货币毕竟是货币, 而不是实物与劳务, 不能正确反映不同物品的价格定得是否得当, 是否合理, 各种劳务所产生的经济效果怎样计算, 等等. 加之通货的膨胀和紧缩, 还有因为各种原因不得不有人为的补贴、税率等, 使得同一种物品可能有几种不同的价格, 如不变价格、调拨价格、自由市场价格、国际市场价格, 资本主义制度还有竞争价格或垄断价格等. 所以, 一方面要承认货币的重要性, 另一方面也要看到货币制度所产生的缺点和不可依赖的一面.

数学方法在于从若干简单的基本概念或几个基本假设入手,运用逻辑推理,得出结论,然后在实际中验证它的正确性. 如果结论不正确,又可以反过来检查出基本假设或概念的不足处,把原定的假设和概念进行局部修改,甚至全部推倒重来.

现在,我们引进一个简单的概念——产综.

人们通常遇到的是一种产品的变化,而实际上,在社会上各种产品是相互关联、相互制约地发生变化的,而不是各不相关变化的. 由此引起如下的概念:

把组成社会生产的多种重要产品或劳务按号码排列起来,如 1, 2, $\cdots$, i,$\cdots$, n,其中第 i 种产品的计量单位以 U_i 表示之[3],例如,第 i 种产品是钢,则 U_i 就是吨;若第 i 种产品是电,U_i 就是千瓦小时;如果第 i 种产品是布,则 U_i 就是尺、码

[3]以后凡重要的修改用脚注说明. 原文中使用 p_i 表示第 i 类产品的单位,容易与后面所用的数量记号 q_i 混淆,所以我们改用 U_i 表示,此处 U 乃英文 unit 的第一个字母,这里非数词而是名词.

或米.

如果第 i 种产品的数量是 x_i 个 U_i 单位, 则整体可以用矢量

$$\boldsymbol{x} = (x_1,\ x_2,\ \cdots,\ x_n)$$

表示之, 除非必要, 显然可将矢量简写为

$$\boldsymbol{x} = (x_1, \cdots, x_n).$$

这个矢量便称为*产综*. 整个国民经济的变化便是产综的变化——整体的变化, 而不是各种产品产量互相独立的变化.

例如, 开始生产时的产综是

$$\boldsymbol{x}^{(0)} = (x_1^{(0)},\ \cdots,\ x_n^{(0)}),$$

第 j 年的产综是 $\boldsymbol{x}^{(j)}$, 于是整个经济的发展变化是

$$\boldsymbol{x}^{(0)} \to \boldsymbol{x}^{(1)} \to \cdots \to \boldsymbol{x}^{(j)} \to \cdots.$$

自此以后, 我们常固定每一种产品的计量单位. 这样, 除非必要, 常略去 U_i 不写. 研究经济的变化发展就是分析产综的变化情况. 各产品按同一比例增加, 用数学式子表示就是

$$\boldsymbol{x}^{(j)} = \rho_j \boldsymbol{x}^{(0)},$$

其中,ρ_j表示第 j 年的增长倍数,即

$$x_k^{(j)} = \rho_j x_k^{(0)} \quad (1 \leqslant k \leqslant n).$$

成倍增长则可以表成为

$$\rho_j = \sigma^j,$$

σ 是逐年的增长倍数.

§1.3 消耗系数方阵(或称结构方阵)

设初始产综是 $\boldsymbol{x}^{(0)} = (x_1^{(0)}, \cdots, x_n^{(0)})$, 第一年度将 j 类产品分配给 i 类的数量(用于再生产或其他目的)设为 $x_{ij}^{(0)}$, 于是整个分配情况可以通过表格来表示(见表 1-1[4]). 因此得到(1.1)[5]

$$x_j^{(0)} = \sum_{i=1}^{n} x_{ij}^{(0)}, \qquad j = 1, 2, \cdots, n. \tag{1.1}$$

这正是表 1-1 的末行. 用产综的矢量形式来表示,就是

[4]书中的表各章独立地使用双码统一编号, 例如 1-# 表示第一章编号为 # 的表. 本书部分表格的表头需采用带斜线设计.

[5]公式在各章中用小括号双码统一编号, 例如 (1. #) 表示第 1 章的第 # 式.

表 1-1

$i \backslash j$	1	2	$\cdots$	j	$\cdots$	n
1	$x_{11}^{(0)}$	$x_{12}^{(0)}$	$\cdots$	$x_{1j}^{(0)}$	$\cdots$	$x_{1n}^{(0)}$
2	$x_{21}^{(0)}$	$x_{22}^{(0)}$	$\cdots$	$x_{2j}^{(0)}$	$\cdots$	$x_{2n}^{(0)}$
$\vdots$	$\vdots$	$\vdots$	$\vdots$	$\vdots$	$\vdots$	$\vdots$
i	$x_{i1}^{(0)}$	$x_{i2}^{(0)}$	$\cdots$	$x_{ij}^{(0)}$	$\cdots$	$x_{in}^{(0)}$
$\vdots$	$\vdots$	$\vdots$	$\vdots$	$\vdots$	$\vdots$	$\vdots$
n	$x_{n1}^{(0)}$	$x_{n2}^{(0)}$	$\cdots$	$x_{nj}^{(0)}$	$\cdots$	$x_{nn}^{(0)}$
总产量	$x_1^{(0)}$	$x_2^{(0)}$	$\cdots$	$x_j^{(0)}$	$\cdots$	$x_n^{(0)}$

$$\boldsymbol{x}^{(0)}=(x_1^{(0)},\cdots,x_n^{(0)})=\sum_{i=1}^{n}(x_{i1}^{(0)},\cdots,x_{in}^{(0)})=\sum_{i=1}^{n}\boldsymbol{x}^{(0)}(i).$$

这里, $\boldsymbol{x}^{(0)}(i)$ 表示分配给第 i 类的产综.

一年(或其他单位时间)后所生产出的产综是

$$\boldsymbol{x}^{(1)}=(x_1^{(1)},\ \cdots,\ x_n^{(1)}).$$

命

$$a_{ij}^{(0)}=x_{ij}^{(0)}/x_i^{(1)}. \tag{1.2}$$

它的意思是, 每生产一个 U_i 单位的 i 类产品要消耗掉 $a_{ij}^{(0)}$ 个单位的第 j 类产品, 其计量单位为 U_j/U_i.

以 (1.2) 代入 (1.1) 得到

$$x_j^{(0)} = \sum_{i=1}^{n} a_{ij}^{(0)} x_i^{(1)}.$$

写成矩阵形式就是

$$\boldsymbol{x}^{(0)} = \boldsymbol{x}^{(1)} \boldsymbol{A},$$

或

$$\boldsymbol{x}^{(1)} = \boldsymbol{x}^{(0)} \boldsymbol{A}^{-1}.$$

这里

$$\boldsymbol{A} = (a_{ij}^{(0)}) \quad (1 \leqslant i,\ j \leqslant n).$$

即为第一年度的消耗系数方阵或结构方阵.

如果消耗系数方阵 $\boldsymbol{A}$ 不因年份而变, 那么连续施行 ℓ 次, 便得到第 ℓ 年的产综

$$\boldsymbol{x}^{(\ell)} = \boldsymbol{x}^{(0)} \boldsymbol{A}^{-\ell}.$$

§1.4 两大部类

也许有人认为: “你所讨论的数学模型是片面的, 既没有考虑到外界投入的产量, 又没有考虑到消费, 而把所生产出来的全部都投入了再生产.” 这个批评是对的, 但这正是关键所在.

马克思在他的不朽名著《资本论》中, 早就指出了社会的总生产分为两大部类. 第一部类是

生产资料的生产, 第二部类是消费资料的生产. 后来, 凯恩斯也在全部生产支出中把用于消费的支出和用于生产的投资分开.

列昂惕夫 (Leontief, W.) 创造性地提出了投入产出法是一个重要贡献, 但他把性质不同的两类型产品合在一个表上, 算出消耗系数表, 因而导致混淆. 因此, 涅姆钦诺夫认为: “整个生产过程的最优化, 是很复杂的问题, 为了解决这种最优任务暂时还没有创立相应的数学方法, ……对大范围的经济行为进行数学描述, 大概只有在不远的将来才有可能.”

实质上, 按照矛盾论的思想, “不同质的矛盾, 只有用不同质的方法才能解决”. 在出现了矛盾之后, 首先要分主要的和次要的. 当然在经济领域里, 第一部类的产品是主要的, 因为没有生产也就没有消费了. 所以, 我们首先研究只有第一部类的模型, 于是引进了正特征矢量法. “抓住了这个主要矛盾, 一切问题就迎刃而解了.” 这是我们先研究第一部类, 而后研究包括第二部类的思想方法的背景.

从数学角度来讲, 非负方阵的核心是不可分拆的部分. 如果笼统地研究非负方阵, 不区别不可分拆与可分拆[6], 则正特征矢量可能不存在, 也可能有无穷个[7], 这样混淆就难以处理了. 而先弄清不可分拆的情况, 可分拆的情况也就较易于处理了. 在处理这个问题时, 我们体会到哲学、经济学、数学间联系的重要性! 当然, 马克思主义的哲学思想是根本, 数学仅是工具, 是被利用到经济学上来的工具之一. 从为数众多的投入产出法的资料也看到了生产资料部类所列出的消耗系数方阵一般是不可分拆的. 而消费资料的生产、行政开支、国防费用、教育文化、输入输出往往都使结构方阵成为可分拆方阵.

§1.5 正特征矢量法

命 g 表示 $\boldsymbol{A}$ 的最大特征根. 在第二章定理 2.5 将证明对不可分拆的 $\boldsymbol{A}$, 对应于 g 有(除相差一比例正因子外)唯一的正元素矢量 $\boldsymbol{u}$, 使

$$\boldsymbol{u}\boldsymbol{A} = g\boldsymbol{u}.$$

[6]见后面的定义 2.3. 书中的定义、引理、定理等各种命题, 每一章的命题各自独立地使用无括号双码统一标签. 如 1.# 表示第 1 章的第 # 个命题.

[7]见 §2.6 末的例子.

同样, 有唯一的正元素矢量 $\boldsymbol{v}$ (除相差一比例正因子外), 使

$$\boldsymbol{A}\boldsymbol{v}' = g\boldsymbol{v}',$$

这里, $\boldsymbol{v}'$ 表示 $\boldsymbol{v}$ 的转置列矢量.

如果 $\boldsymbol{x}^{(0)}$ 就是正元素特征矢量 $\boldsymbol{u}$ (可知对应于 g 的其他正元素特征矢量一定等于 $\alpha\boldsymbol{u}$, α 是一正数), 那么由归纳法容易证明

$$\boldsymbol{x}^{(\ell)} = g^{-\ell}\boldsymbol{x}^{(0)}.$$

这说明了, 如果 $\boldsymbol{x}^{(0)}$ 是 $\boldsymbol{A}$ 的特征矢量, **也就是说, 如果投入生产的产综各部分正好按正特征矢量各分量的比例安排, 那么各部门的生产量都将以 $1/g$ 的倍数增长, 并且可以证明, 增长速度不可能超过 $1/g$, 即在现阶段的生产情况下, 如依 $\boldsymbol{u}$ 的比例组织安排生产, 将会得到最高的增长速度.**

在第二章定理 2.9 中, 我们将证明, $\boldsymbol{A}$ 的任一元素 a_{ij} 的降低, 只会使其对应的 g 降低, 而不会使其增加. 可见, 如果采用正特征矢量为产综, 任一消耗系数的降低, 只会提高而不会降低生产的增长率.

不仅如此, 数学上还有以下的定理.

基本定理 如果 $\boldsymbol{A}$ 是一原方阵, 且可逆; 又如果 $\boldsymbol{x}$

非 $\boldsymbol{A}$ 的左正特征矢量, 则一定有一正整数 ℓ_0 存在, 当 $\ell \geqslant \ell_0$ 时

$$\boldsymbol{x}\boldsymbol{A}^{-\ell} = \boldsymbol{x}^{(\ell)}$$

是一有不同号支量的矢量.

我们将在 §2.6 中证明该定理(关于原方阵的定义见 §2.5). 该定理的经济意义是: 如果 $\boldsymbol{x}^{(0)}$ 与 $\boldsymbol{u}$ 不成比例, 经过相当一段时间后, 生产情况一定会失去平衡, 最后出现危机. 为使读者易懂, 我们还是先用一个例子来说明一下.

§1.6 例

我们且不谈一般的 n, 而取 $n = 2$. 如果 $\boldsymbol{x}$ 与 $\boldsymbol{u}$ 不成比例, 我们将说明一定会出现危机. 假定农业的标号是 1, 制造业的标号是 2.

我们以农业产量是 45 个单位, 制造业产量是 20 个单位开始, 即 $\boldsymbol{x}^{(0)} = (45,\ 20)$.

消耗系数方阵为

$$\boldsymbol{A} = \frac{1}{100}\begin{pmatrix} 25 & 14 \\ 40 & 12 \end{pmatrix}.$$

容易算得它的逆方阵为

$$A^{-1}=\frac{5}{13}\begin{pmatrix}-12 & 14\\ 40 & -25\end{pmatrix}.$$

$\boldsymbol{A}$ 的唯一(除相差一比例正因子外)的正元素特征矢量为

$$\boldsymbol{u}=\left(\frac{5}{7}(\sqrt{2409}+13),\ 20\right)=(44.34397483,\ 20).$$

如果取初始产综为 $\boldsymbol{x}^{(0)}=(45,\ 20)$, 由表 1-2 可见, $\boldsymbol{x}^{(3)}=(-532.5,\ 1102.1)$. 也就是说, 到第 3 年就出现了负号. 这是绝对不允许出现的现象. 这个例子说明, 第 1 年还好, 第 2 年比例失调, 第 3 年生产不下去了. 农业出现负值时, 表示在第 3 年某一时刻, 农业原料消耗光了.

表 1-2

	农产品	制造业产品	生产增长倍数	
			农业	制造业
原来	45	20	—	—
第 1 年	100	50	2.2	2.5
第 2 年	307.7	57.7	3.03	1.15
第 3 年	−532.5	1102.1	出现负值,无法生产下去	

(在随后的表中, 为节省空间, 我们将略去表 1-2 第 1 列中的"第"字). 现在, 取 $\boldsymbol{x}^{(0)}$ 为精确到 3 位小数的 $\boldsymbol{u}$, 也即

$$\boldsymbol{x}^{(0)} = (44.344,\ 20).$$

由表 1-3 可见, 前 4 年都有稳定的生产增长率, 即 2.32 倍, 第 5 年开始失去平衡, 第 8 年垮了.

表 1-3

	农产品	制造业产品	农产品增长倍数	制造业产品增长倍数
原来	44.344	20	——	——
1年	103.02	46.466	2.323	2.323
2年	239.37	107.95	2.323	2.323
3年	556.11	250.86	2.323	2.323
4年	1292.80	582.24	2.324	2.320
5年	2990.60	1362.90	2.313	2.340
6年	7165.50	2998.20	2.395	2.199
7年	13054	9754.70	1.821	3.253
8年	89821	−23501	出现负值, 无法生产下去	

为了更精确地表述, 取 $\boldsymbol{x}^{(0)}$ 为精确到 8 位小数的 $\boldsymbol{u}$, 即

$$\boldsymbol{x}^{(0)} = (44.34397483,\ 20).$$

则由表 1-4 可见, 前 8 年的生产有稳定的增长率 2.323, 而负号在第 13 年时出现. 值得指出的是:

命 $\alpha=44.34397483$, 则负号在 $\boldsymbol{x}^{(13)}$ 中出现, 但如果用 $\alpha\pm 10^{-8}$ 来代替, 那么在 $\boldsymbol{x}^{(12)}$ 中就出现负号.

表 1-4

	农产品	制造业产品	农产品增长倍数	制造业产品增长倍数
原来	44.34397483	20	——	——
1年	103.0278084	46.46755677	2.323377840	2.3233777838
2年	239.3725266	107.9616920	2.323377835	2.323377847
3年	556.1528311	250.8357971	2.323377870	2.3233779787
4年	1292.153043	582.7864257	2.323377624	2.3233778211
5年	3002.161733	1354.031525	2.323379376	2.323375195
6年	6975.123164	3145.952354	2.323366888	2.323396682
7年	16206.39085	7308.813628	2.323455868	2.323243585
8年	37644.55958	16988.12738	2.322821899	2.324334461
9年	87611.68481	39354.09595	2.327330880	2.316564684
10年	201086.0079	93350.45708	2.295196221	2.372064579
11年	508071.6108	185170.2630	2.526638308	1.983603174
12年	503827.3809	955286.9140	0.9916463942	5.158965043
13年	12371364.61	−6472534.430	出现负值, 无法生产下去	

从上述我们看到, 农产品从 45 单位改为 44.344 单位, 即抛弃了 0.656 个单位, 能使生产情况转好, 这是一个处理方法. 资本主义经常用这个办法来处理生产过剩或保证市场价格稳定. 这是消极的. 我们能否有其他办法来解决这一问题? 有的! 例如, 我们可以利用对外贸易, 出口 α

个单位农产品,进口 β 个单位制造业产品,使

$$(45-\alpha):(20+\beta)=2.2172:1.$$

即

$$2.2172(20+\beta)=45-\alpha.$$

假定每一单位农产品的国际市场价格是 q_1,制造业品是 q_2,为了保持收支平衡,则

$$\alpha q_1=\beta q_2.$$

由此联立方程解出 α, β,这样既可以使生产处于正元素特征矢量状态,又可以保证收支平衡.

当然,其他处理的方法一定还有.

§1.7 成 本

各类产品的价格如何确定?当然有人会立刻回答,取决于市场需要,特别是我们不能离开国际市场的正当和不正当的(指投机、倾销和垄断等)变化而独立. 其中包括人对人、智囊团对智囊团的勾心斗角,任凭你挖空心思寻得妙招,但诚恐还有高手想到了你之所想,并提出了更高明的对策. 对此事,我们何能多说.

好在我们是社会主义国家,资源丰富,以自力更生为主的国家,外部影响可能小些(但决不

能低估). 我们就事论事, 就现在所提的系统中论述这些知识.

首先说明运用正特征矢量的一个优点. 不管你用什么价值, 而生产发展的总产值都是 $1/g$ 倍. 其证明如下:

假定第 i 类产品每一单位的价格是 q_i, 命

$$\boldsymbol{q} = (q_1, \cdots, q_n)$$

代表价值矢量, 则产综 $\boldsymbol{x}^{(0)}$ 的总产值等于

$$\boldsymbol{x}^{(0)}\boldsymbol{q}'.$$

由于

$$\boldsymbol{x}^{(1)} = \boldsymbol{x}^{(0)}\boldsymbol{A}^{-1},$$

所以下年度的总产值等于

$$\boldsymbol{x}^{(1)}\boldsymbol{q}' = \boldsymbol{x}^{(0)}\boldsymbol{A}^{-1}\boldsymbol{q}'.$$

如果 $\boldsymbol{x}^{(0)}$ 是正特征矢量, 则

$$\boldsymbol{x}^{(1)}\boldsymbol{q}' = g^{-1}\boldsymbol{x}^{(0)}\boldsymbol{q}'.$$

由此可知, 只要 $\boldsymbol{x}^{(0)}$ 是正特征矢量, 不管价值矢量如何取, 总产值总是增加 $1/g$ 倍.

照这样说来, 是否价格可以任意取了? 当然不是的, 依靠成本会有一个自然的价格. (注: 这

里所说的成本是在以上所讨论的数学模型的前提下所确定的成本,但在实际问题中,可能还有一些因素,例如,企业的利税等,并没有全部考虑进去.)

现命第 i 类产品每一单位的价格是 q_i,则由于每一单位第 i 类产品需要消耗 a_{ij} 单位的 j 类产品,因此每一单位产品的成本是

$$\sum_{j=1}^{n} a_{ij} q_j.$$

假定产品价格是按比例变化的,则得

$$\lambda q_j = \sum_{j=1}^{n} a_{ij} q_j.$$

因此

$$\begin{pmatrix} q_1 \\ \vdots \\ q_n \end{pmatrix} \lambda = \boldsymbol{A} \begin{pmatrix} q_1 \\ \vdots \\ q_n \end{pmatrix}.$$

即 $\boldsymbol{q}$ 是 $\boldsymbol{A}$ 的右正特征矢量. 由于 $\boldsymbol{A}$ 只有一个右正特征矢量,因此价格的比也就是唯一的

$$q_1 : q_2 : \cdots : q_n,$$

而 λ 是 $\boldsymbol{A}$ 的最大特征根 g,即成本下降至 g,这也是我们直观所料到的事.

如此, 不可分拆方阵的一些重要概念: 最大特征根、左正特征矢量、右正特征矢量都有了经济学上的意义.

§1.8 每一部门按比例增长的情况

为了简便起见, 我们在上面假定了每一部门的增长率都是同一倍数. 在一个社会中, 经常会有一些新的生产部门出现了, 而一些旧的生产部门消失了, 故一定要引进更广泛的模型. 我们用符号 $\boldsymbol{y}^{(\ell)}$ $(\ell = 1, 2, \cdots, n)$ 代替 $\boldsymbol{x}^{(\ell)}$, 假定

$$\frac{\boldsymbol{y}_1^{(\ell)}}{\boldsymbol{y}_1^{(0)}} = \lambda_1\rho, \ \cdots, \ \frac{\boldsymbol{y}_n^{(\ell)}}{\boldsymbol{y}_n^{(0)}} = \lambda_n\rho. \tag{1.3}$$

这里, $\lambda_1, \cdots, \lambda_n, \rho$ 都是正数, 由于齐次性我们不妨假定

$$\frac{\lambda_1 + \lambda_2 + \cdots + \lambda_n}{n} = 1.$$

命 $\boldsymbol{\Lambda}$ 表示对角线方阵 $[\lambda_1, \cdots, \lambda_n]$, 则 (1.3) 可以写成为

$$\boldsymbol{y}^{(\ell)} = \rho \boldsymbol{y}^{(0)}\boldsymbol{\Lambda}.$$

另一方面 $\boldsymbol{y}^{(\ell)} = \boldsymbol{y}^{(0)}\boldsymbol{A}^{-1}$, 因此得

$$\boldsymbol{y}^{(0)} = \rho \boldsymbol{y}^{(0)}\boldsymbol{\Lambda}\boldsymbol{A}.$$

这里, $\boldsymbol{y}^{(0)}$ 是 $\boldsymbol{\Lambda A}$ 的正特征矢量, 其对应特征值是 $1/\rho$. 因此, 这一推广只不过把原来的 $\boldsymbol{A}$ 换为 $\boldsymbol{\Lambda A}$ 而已.

命 g_1 是 $\boldsymbol{\Lambda A}$ 的最大的正特征根, 则每一部门的变化规律是 (1.3) 中的 $\rho = 1/g_1$.

参考文献

[1] 中央编译局(1982). 摩尔和将军——回忆马克思恩格斯. 北京, 人民出版社.

[2] [苏] 涅姆钦诺夫, B.C. (1980). 经济数学方法和模型. 乌家培, 张守一译. 北京, 商务印书馆.

第二章　正特征矢量法的数学理论

在这一章,我们讲述在上一章所提到的正特征矢量法的数学理论[8]. 对数学证明不感兴趣的读者,可以跳过本章,直接阅读后面各章.

§2.1　相通性

在本书中,如果不做特殊申明,我们常用大写拉丁字母 $\boldsymbol{A}$, $\boldsymbol{B}$, $\cdots$ 表实数矩阵,而且以 $\boldsymbol{A} = \boldsymbol{A}^{(m,\,n)}$ 表 m 行 n 列的矩阵 (a_{ij}), $(1 \leqslant i \leqslant m,\ 1 \leqslant j \leqslant n)$. 一行 n 列的矩阵称为 n 维行矢量,用黑体小写拉丁字母 $\boldsymbol{a}$, $\boldsymbol{b}$, $\cdots$ 表之,具体地写成为 $\boldsymbol{a}=(a_1, \cdots, a_n)$, 实数 a_i 称为矢量 $\boldsymbol{a}$ 的第 i 个支量. m 行一列的矩阵称为 m 维列矢量.

又以 $\boldsymbol{A}'$ 表示由 $\boldsymbol{A}$ 行列转置的方阵 (a_{ji}), $(1 \leqslant i \leqslant m,\ 1 \leqslant j \leqslant n)$; $\boldsymbol{a}'$ 是列矢量.

以符号 $\boldsymbol{A} \geqslant 0$ 表示 $\boldsymbol{A}$ 的所有元素都大于或等于 0, 及 $\boldsymbol{A} > 0$ 表示 $\boldsymbol{A}$ 的所有元素都是正数. 显然,有以下的一些性质 [3, 4].

---

[8]本章的核心结果是定理 2.2 (Perron-Frobenius) 及定理 2.14 (华氏崩溃定理).

由 $\boldsymbol{A} \geqslant \boldsymbol{B}, \boldsymbol{B} \geqslant \boldsymbol{C}$, 得 $\boldsymbol{A} \geqslant \boldsymbol{C}$. 由 $\boldsymbol{A} \geqslant 0, \boldsymbol{B} \geqslant 0$, 则 $\boldsymbol{A}+\boldsymbol{B} \geqslant 0, \boldsymbol{AB} \geqslant 0, \boldsymbol{BA} \geqslant 0$ (如果 $\boldsymbol{AB}$ 及 $\boldsymbol{BA}$ 都有意义的话).

特别当 $m=n$ 时, 所有非负方阵成一半环, 对"加""乘"自封. 本章所说的方阵将都是非负的.

定义 2.1 如果一方阵每一行只有一非零正数, 每一列也只有一非零正数, 这方阵称为广义置换方阵. 这些方阵成一群, 以 GP_n 表之.

这群有二子群.

(i) 对角线方阵群[9] D_n 是由对角方阵

$$[\lambda_1, \cdots, \lambda_n], \qquad \lambda_i > 0\,(1 \leqslant i \leqslant n)$$

组成的. 它在对角线之外的元素全为 0, 对角线上的元素从左到右依次为 $\lambda_1, \cdots, \lambda_n$.

(ii)置换群 P_n: GP_n 中的方阵, 其元素非 0 即 1.

显然, P_n 与 D_n 都是 GP_n 的正规子群, 而且 GP_n 中任一元素可以唯一地表成为

$$DP, \qquad D \in D_n, \qquad P \in P_n.$$

定理 2.1 若一非负方阵的逆也是非负的, 则它一定是广义置换方阵.

[9] 自此以后, "对角线方阵"改用现在规范名词"对角方阵".

证 若 $\boldsymbol{A}=(a_{ij})$, $\boldsymbol{B}=(b_{ij})$, 由 $\boldsymbol{AB}=\boldsymbol{I}$ 得

$$\sum_{j=1}^{n} a_{ij}b_{jk}=\delta_{ik}.$$

则对所有的 $i\neq k$ 及所有的 j, 有 $a_{ij}b_{jk}=0$. 若 $a_{ij}\neq 0$, 则对所有 $k\neq i$, 有 $b_{jk}=0$, 即 $\boldsymbol{B}$ 在第 j 行上只有一个元素 $b_{ji}\neq 0$. 定理得证.

定义 2.2 命 $\boldsymbol{A}$, $\boldsymbol{B}$ 是二非负方阵, 若有广义置换方阵 $\boldsymbol{Q}$ 使

$$\boldsymbol{QAQ}^{-1}=\boldsymbol{B},$$

则 $\boldsymbol{A}$, $\boldsymbol{B}$ 称为在群 GP_n 下相通. 视之为 $\boldsymbol{A}\overset{GP}{\sim}\boldsymbol{B}$.

同法可定义 $\boldsymbol{A}\overset{D}{\sim}\boldsymbol{B}$ 与 $\boldsymbol{A}\overset{P}{\sim}\boldsymbol{B}$.

这三类关系都有以下的性质:

(i) $\boldsymbol{A}\sim\boldsymbol{A}$;

(ii) 由 $\boldsymbol{A}\sim\boldsymbol{B}$ 得 $\boldsymbol{B}\sim\boldsymbol{A}$;

(iii) 由 $\boldsymbol{A}\sim\boldsymbol{B}$, $\boldsymbol{B}\sim\boldsymbol{C}$ 得 $\boldsymbol{A}\sim\boldsymbol{C}$.

显然, 若 $\boldsymbol{A}\sim\boldsymbol{B}$, 则由 $\boldsymbol{A}>0$ 推得 $\boldsymbol{B}>0$.

定义 2.3 如果 $\boldsymbol{A}$ 在 GP_n 下相通于

$$\boldsymbol{B}=\begin{pmatrix}\boldsymbol{A}^{(k)} & 0\\ \boldsymbol{A}^{(n-k,\,k)} & \boldsymbol{C}^{(n-k)}\end{pmatrix},$$

则 $\boldsymbol{A}$ 称为**可分拆**, 不然称为**不可分拆**[10](实质上,

[10]有多种不同的等价定义. 它等价于 Markov 链中的

不一定需要 $\boldsymbol{A} \overset{GP}{\sim} \boldsymbol{B}$, 而用 $\boldsymbol{A} \overset{P}{\sim} \boldsymbol{B}$ 就够了).

若 $\boldsymbol{A}$ 是可分拆的, 则

$$\boldsymbol{A} \overset{P}{\sim} \begin{pmatrix} \boldsymbol{A}_1 & \boldsymbol{B}_1 \\ 0 & \boldsymbol{C}_1 \end{pmatrix}.$$

其理由是

$$\begin{pmatrix} 0 & \boldsymbol{I}^{(k)} \\ \boldsymbol{I}^{(n-k)} & 0 \end{pmatrix} \begin{pmatrix} \boldsymbol{A}_1 & \boldsymbol{B}_1 \\ 0 & \boldsymbol{C}_1 \end{pmatrix} \begin{pmatrix} 0 & \boldsymbol{I}^{(n-k)} \\ \boldsymbol{I}^{(k)} & 0 \end{pmatrix} = \begin{pmatrix} \boldsymbol{C}_1 & 0 \\ \boldsymbol{B}_1 & \boldsymbol{A}_1 \end{pmatrix}.$$

由此, 一个不可分拆方阵的转置方阵也是不可分拆的; 又若 $\boldsymbol{A} > 0$, 则 $\boldsymbol{A}$ 是不可分拆的.

§2.2 标准型

定义 2.4 一个不可分拆方阵 $\boldsymbol{A} = (a_{ij})$ 适合于

$$\sum_{i=1}^{n} a_{ij} = g \quad (1 \leqslant j \leqslant n)$$

称为标准型, 即其所有的列和都等于 g. 此 g 称为 $\boldsymbol{A}$ 之高标.

(接上页脚注)不可约性, 也等价于图论中的强连通性. 对于后者, 若 $a_{ij} > 0$, 则视从 i 到 j 有一条定向边. 再视矩阵 $\boldsymbol{A}$ 的指标为顶点, 这就生成一个基于 $\boldsymbol{A}$ 的定向图, 称图为强连通, 为任意两点之间有两条由所述边连接起来的往、返路.

显然, 标准型方阵有一正特征矢量

$$\boldsymbol{e} = (1, \cdots, 1),$$

其对应特征根为 g, 即

$$\boldsymbol{eA} = g\boldsymbol{e}.$$

$\frac{1}{g}\boldsymbol{A}$ 是一方阵, 列和为 1, 此方阵称为Markov方阵[11].

若二标准型方阵 $\boldsymbol{A}$, $\boldsymbol{B}$, 其高标分别为 g 及 h, 则 $\boldsymbol{AB}$ 也是标准型, 其高标等于 gh. 证明是 $\boldsymbol{eAB} = g\boldsymbol{eB} = gh\boldsymbol{e}$.

定理 2.2 (Perron-Frobenius) 在群 D_n 下, 任一不可分拆的非负方阵一定相通于标准型方阵[2].

在证明定理 2.2 之前, 先讨论 $n = 2$ 的特例. 是否有 λ, 使

$$\begin{pmatrix} \lambda & 0 \\ 0 & 1 \end{pmatrix}\begin{pmatrix} a & b \\ c & d \end{pmatrix}\begin{pmatrix} \lambda^{-1} & 0 \\ 0 & 1 \end{pmatrix} = \begin{pmatrix} a & \lambda b \\ \lambda^{-1}c & d \end{pmatrix}$$

的列和相等, 即

$$d + \lambda b = \lambda^{-1}c + a.$$

这里, a, $d \geqslant 0$, 而 b, $c > 0$. 我们可取 λ 为方程

$$\lambda^2 b + \lambda(d - a) - c = 0$$

---

[11]严格地说, 这是一种对偶 Markov 方阵, 而标准 Markov 方阵是指诸行和都等于 1.

的正根

$$\lambda_0 = \frac{a - d + \sqrt{(a-d)^2 + 4bc}}{2b}.$$

容易验证这时的列和

$$d + \lambda_0 b = \frac{a + d + \sqrt{(a-d)^2 + 4bc}}{2}$$

即是方阵

$$\begin{pmatrix} a & b \\ c & d \end{pmatrix}$$

的正特征根. 它的另一个特征根

$$\frac{a - d - \sqrt{(a-d)^2 + 4bc}}{2b}$$

的绝对值一定不超过 $d + \lambda_0 b$.

这段讨论虽简单, 但这是我们以后证明的基本起点.

证 命 $g_1, \cdots, g_n$ 为 $\boldsymbol{A}$ 之诸列和, 命 M 及 m 为其中之最大者与最小者, 及 $d = M - m$.

若 $d = 0$, 则定理毋待证明. 不然我们将证明必有一对角方阵 $\boldsymbol{\Lambda}_1$, 使 $\boldsymbol{A}_1 = \boldsymbol{\Lambda}_1 \boldsymbol{A} \boldsymbol{\Lambda}_1^{-1}$ 之 M_1, m_1 适合于 $M_1 \leqslant M$, $m_1 > m$, 因而 $d_1 = M_1 - m_1 < d$. 若 $d_1 = 0$, 则定理明. 不然可继续作下去, 经 ℓ 步后, 或 $d_\ell = 0$, 即

$$M \geqslant M_1 \geqslant \cdots \geqslant M_\ell = m_\ell > \cdots > m_1 > m.$$

定理已明;或者,我们将有

$$\lim_{\ell\to\infty} M_\ell = \lim_{\ell\to\infty} m_\ell = g.$$

(1) **造出 $\boldsymbol{\Lambda}_1$ 来.** 并不失去普遍性,我们假定 $g_1 = \cdots = g_k = m$ 及 $m < g_i$, $k < i \leqslant n$, 取 $\boldsymbol{\Lambda} = [\underbrace{\lambda, \cdots, \lambda}_{k\text{个}}, 1, \cdots, 1]$, 定义 $g_i(\lambda)$ 为 $\boldsymbol{\Lambda A \Lambda}^{-1}$ 的诸列和. 由于

$$\boldsymbol{\Lambda A \Lambda}^{-1} = \begin{pmatrix} \lambda \boldsymbol{I}^{(k)} & 0 \\ 0 & \boldsymbol{I}^{(n-k)} \end{pmatrix} \begin{pmatrix} \boldsymbol{A}_{11} & \boldsymbol{A}_{12} \\ \boldsymbol{A}_{21} & \boldsymbol{A}_{22} \end{pmatrix} \begin{pmatrix} \lambda \boldsymbol{I}^{(k)} & 0 \\ 0 & \boldsymbol{I}^{(m-k)} \end{pmatrix}^{-1}$$

$$= \begin{pmatrix} \boldsymbol{A}_{11} & \lambda \boldsymbol{A}_{12} \\ \lambda^{-1} \boldsymbol{A}_{21} & \boldsymbol{A}_{22} \end{pmatrix}.$$

当 λ 从 1 递减,

$$g_\ell(\lambda) = \sum_{i=1}^{k} a_{i\ell} + \lambda^{-1} \sum_{i=k+1}^{n} a_{ij} \quad (1 \leqslant \ell \leqslant k)$$

递增,而

$$g_j(\lambda) = \lambda \sum_{i=1}^{k} a_{ij} + \sum_{i=k+1}^{n} a_{i\ell} \quad (k < j \leqslant n)$$

递减. 取 $\lambda = \lambda_0$, 使

$$m \leqslant \min_{1\leqslant\ell\leqslant k} g_\ell(\lambda_0) \leqslant \max_{1\leqslant\ell\leqslant k} g_\ell(\lambda_0) = \min_{k<j\leqslant n} g_j(\lambda_0)$$

$$\leqslant \max_{k<j\leqslant n} g_j(\lambda_0) \leqslant M.$$

这里用了 $\max\limits_{1\leqslant\ell\leqslant k} g_\ell(\lambda)$ 是单调上升这一性质，不然，$a_{i\ell}=0\ (k<i\leqslant n,\ 1\leqslant\ell\leqslant k)$，即 $\boldsymbol{A}$ 是可分拆的. 这时，$g_\ell(\lambda_0)$ 中等于 m 的个数一定少于 k. 而当 $k=1$ 时，利用上法一定可得

$$m<m_1=\min_{1\leqslant i\leqslant n} g_i(\lambda_0)\leqslant\max_{1\leqslant i\leqslant n} g_i(\lambda_0)=M_1\leqslant M.$$

(2) **极限术**. 由此可以推出有一贯(即序列) $\boldsymbol{\Lambda}_i$ 存在，使 $\boldsymbol{\Lambda}_i\boldsymbol{A}\boldsymbol{\Lambda}_i^{-1}$ 的列和都趋于 g. 注意：$\boldsymbol{\Lambda}_i$ 的元素都小于 1. 命 $\boldsymbol{\Lambda}_i=[\lambda_1^{(i)},\cdots,\lambda_n^{(i)}]$ 及

$$\lim_{i\to\infty}(\lambda_1^{(i)},\cdots,\lambda_n^{(i)})\boldsymbol{A}=\lim_{i\to\infty} g(\lambda_1^{(i)},\cdots,\lambda_n^{(i)}).$$

由 Weierstrass-Bolzano 定理，有一子序列使

$$\lim_{\ell\to\infty}(\lambda_1^{(i_\ell)},\cdots,\lambda_n^{(i_\ell)})=(\lambda_1^{(0)},\cdots,\lambda_n^{(0)})$$

适合于

$$(\lambda_1^{(0)},\cdots,\lambda_n^{(0)})\boldsymbol{A}=g(\lambda_1^{(0)},\cdots,\lambda_n^{(0)}).$$

如果 $(\lambda_1^{(0)},\cdots,\lambda_n^{(0)})$ 都不等于零，则定理已明. 不然，如果其中有些是零，设

$$\lambda_1^{(0)}\geqslant\cdots\geqslant\lambda_s^{(0)}>0,\qquad \lambda_{s+1}^{(0)}=\cdots=\lambda_n^{(0)}=0.$$

由此可得 $\boldsymbol{A}$ 是可分拆的.

附记: 定理的证明中似乎用到了置换群 P_n，实际仔细检查用置换的地方，可见用 D_n 就够了.

§2.3 正特征矢量

定理 2.3 命 $\boldsymbol{x}'$ 是 $\boldsymbol{A}$ 的列特征矢量, 其对应的特征根为 β; $\boldsymbol{y}$ 是 $\boldsymbol{A}$ 的行特征矢量, 其特征根为 γ. 如果 $\beta \neq \gamma$, 则 $\boldsymbol{y}\boldsymbol{x}' = 0$.

证 已知 $\boldsymbol{A}\boldsymbol{x}' = \boldsymbol{x}'\beta$, $\boldsymbol{y}\boldsymbol{A} = \gamma\boldsymbol{y}$, 则

$$\gamma\boldsymbol{y}\boldsymbol{x}' = \boldsymbol{y}\boldsymbol{A}\boldsymbol{x}' = \beta\boldsymbol{y}\boldsymbol{x}'.$$

若 $\beta \neq \gamma$, 则 $\boldsymbol{y}\boldsymbol{x}' = 0$.

定理 2.4 设 $\boldsymbol{A}$ 是不可分拆的非负方阵, 其高标 g 是它的特征根, 且存在一个正特征矢量, 以 g 为特征值. $\boldsymbol{A}$ 的其他特征根的绝对值都不超过 g.

证 无妨设 $\boldsymbol{A}$ 为标准型. 易见

$$(1, \cdots, 1)\boldsymbol{A} = g(1, \cdots, 1).$$

又设 g_1 为 $\boldsymbol{A}$ 的另一个特征根, $(x_1, \cdots, x_n)$ 为对应的特征矢量, 于是

$$\sum_{i=1}^{n} a_{ij}x_i = g_1 x_j,$$

则

$$|g_1| \cdot |x_j| \leqslant \sum_{i=1}^{n} a_{ij}|x_i| \leqslant g \cdot \max(|x_1|, \cdots, |x_n|).$$

取 $|x_j| = \max(|x_1|, \cdots, |x_n|)$, 即得 $|g_1| \leqslant g$.

注: 在标准型的定义中, 我们若用行和代替列和, 同样可类似地证明 $\boldsymbol{A}$ 有一个正的列特征矢量. 定理 2.4 表明, 这个正的列特征矢量对应的特征值也就是 g.

定理 2.5　一个不可分拆的非负方阵 $\boldsymbol{A}$ 有且仅有一个(不计常数因子)非负行(或列)特征矢量, 且它是正矢量. 反之, 如果一个非负方阵 $\boldsymbol{A}$ 仅有一个非负行(或列)特征矢量, 且它是正矢量, 则 $\boldsymbol{A}$ 是不可分拆的.

证　由定理 2.4 的注, 任一不可分拆的非负方阵 $\boldsymbol{A}$, 一定有一个正列特征矢量 $\boldsymbol{u}'$, 其特征根是 g. 由定理 2.3, 若 $\boldsymbol{v}$ 为 $\boldsymbol{A}$ 的任一行特征矢量, 其特征值不等于 g, 则 $\boldsymbol{v}\boldsymbol{u}' = 0$. 由于 $\boldsymbol{u} > 0$, 所以 $\boldsymbol{v}(\neq 0)$ 不可能是非负的.

易见, $\boldsymbol{A}$ 的任一非负特征矢量一定是正矢量, 否则, 若它有零支量, 可推出 $\boldsymbol{A}$ 是可分拆的. 又若 $\boldsymbol{A}$ 有两个正特征行矢量 $\boldsymbol{v}_1$, $\boldsymbol{v}_2$, 其特征根都是 g, 于是

$$(\boldsymbol{v}_1 - \lambda \boldsymbol{v}_2)\boldsymbol{A} = g(\boldsymbol{v}_1 - \lambda \boldsymbol{v}_2).$$

一定可以找到 λ, 使 $\boldsymbol{v}_1 - \lambda \boldsymbol{v}_2 \geqslant 0$ 有零支量, 这不可能. 定理的第一部分得证. 定理第二部分的证

明是显然的,因为一个可拆方阵一定有一个非负特征矢量,且有零支量[12].

注: 非负可分拆的方阵,也可能有唯一的正特征矢量. 例: $c > a > 0$, $b > 0$,

$$(b,\ c-a)\begin{pmatrix} a & 0 \\ b & c \end{pmatrix} = c(b,\ c-a)^{13}.$$

定理 2.6 一个不可分拆的非负方阵有唯一的标准型,如置行置换与列置换不理.

这也说明了,标准型的分类仅与 D_n 有关.

证 假定 $\boldsymbol{A}$ 是标准型,其列和是 g,而 $\boldsymbol{\Lambda}^{-1}\boldsymbol{A}\boldsymbol{\Lambda}$ 也是标准型,列和是 g_1[14],$\boldsymbol{\Lambda} = [\lambda_1, \cdots, \lambda_n]$,则

$$a_{1i}\lambda_1^{-1} + \cdots + a_{ni}\lambda_n^{-1} = g_1\lambda_i^{-1}.$$

---

[12]设 $\boldsymbol{A}$ 可分拆,无妨设 $\boldsymbol{A} = \begin{pmatrix} A_1 & 0 \\ B_1 & C_1 \end{pmatrix}$,其中 $\boldsymbol{A_1}$ 不可分拆,则 $\boldsymbol{A_1}$ 有左特征向量 $\boldsymbol{u}_1$,使$\boldsymbol{u}_1\boldsymbol{A}_1 = g_1\boldsymbol{u}_1$. 这样,

$$(\boldsymbol{u}_1,\ 0)\boldsymbol{A} = (\boldsymbol{u}_1\boldsymbol{A}_1,\ 0) = \boldsymbol{g}_1(\boldsymbol{u}_1,\ 0).$$

即 $\boldsymbol{A}$ 有关于 g_1 的非负左特征向量 $(\boldsymbol{u}, 0)$,含零支量.

[13]上一脚注已证这里的矩阵含一非负左特征向量,它含有零支量. 下式表明它含一正左特征向量,从而非负者非唯一. 这与定理 2.5 的第二项断言一致. 又见§2.6 末尾的例子.

[14]向量形式为 $\mathbf{1}'\boldsymbol{\Lambda}^{-1}\boldsymbol{A}\boldsymbol{\Lambda} = g_1\mathbf{1}'$.

即对所有的 i, 常有

$$g\min(\lambda_1^{-1},\cdots,\lambda_n^{-1})\leqslant g_1\lambda_i^{-1}\leqslant g\max(\lambda_1^{-1},\cdots,\lambda_n^{-1}).$$

取 $\lambda_i^{-1}=\max(\lambda_1^{-1},\cdots,\lambda_n^{-1})$ 及 $\min(\lambda_1^{-1},\cdots,\lambda_n^{-1})$, 立得 $g=g_1$, 于是

$$a_{1i}\lambda_1^{-1}+\cdots+a_{ni}\lambda_n^{-1}=(a_{1i}+\cdots+a_{ni})\lambda_i^{-1}.$$

如果重新排列后有

$$\lambda_1^{-1}\leqslant\cdots\leqslant\lambda_s^{-1}<\lambda_{s+1}^{-1}=\cdots=\lambda_n^{-1}.$$

由上式可知, 当 $i=s+1,\cdots,n$ 时

$$a_{1i}=\cdots=a_{si}=0.$$

这说明 $\boldsymbol{A}$ 是可分拆的, 于是定理 2.6 得证.

定理 2.7 命 $\boldsymbol{C}=(c_{ij})$ 是一个复元素方阵. 若 $|c_{ij}|\leqslant a_{ij}$, 方阵 $\boldsymbol{A}=(a_{ij})$ 不可分拆, 高标为 g, 则 $\boldsymbol{C}$ 的任一特征根 r 的绝对值都不超过 g. 又若存在 $\boldsymbol{C}$ 的一个特征根 $r=\mathrm{e}^{\mathrm{i}\theta}g$, 则

$$\boldsymbol{C}=\mathrm{e}^{\mathrm{i}\theta}[\mathrm{e}^{\mathrm{i}\theta_1},\cdots,\mathrm{e}^{\mathrm{i}\theta_n}]\boldsymbol{A}[\mathrm{e}^{-\mathrm{i}\theta_1},\cdots,\mathrm{e}^{-\mathrm{i}\theta_n}].$$

证 (1) 不失普遍性, 可以假定 $\boldsymbol{A}$ 就是标准型. 命 $(x_1,\cdots,x_n)$ 是对应 r 的特征矢量, 即

$$r(x_1,\cdots,x_n)=(x_1,\cdots,x_n)\boldsymbol{C}.\qquad(2.1)$$

因此得

$$
\begin{aligned}
|r||x_j| &\leqslant \sum_{i=1}^{n}|x_i|\cdot|c_{ij}| \leqslant \sum_{i=1}^{n}|x_i|a_{ij} \\
&\leqslant \max(|x_1|, \cdots, |x_n|)g.
\end{aligned} \tag{2.2}
$$

即得

$$|r| \leqslant g.$$

(2) 若 $r = ge^{i\theta}$, 我们排好

$$|x_1| = |x_2| = \cdots = |x_s| > |x_{s+1}| \geqslant \cdots \geqslant |x_n|.$$

当 $1 \leqslant j \leqslant s$ 时, 由 (2.2)左右相等得 $a_{ij} = 0\,(s+1 \leqslant i \leqslant n,\ 1 \leqslant j \leqslant s)$, 即 $\boldsymbol{A}$ 可分拆, 因此必须有

$$|x_1| = |x_2| = \cdots = |x_n|.$$

不妨假定 $|x_i| = 1$. 命 $x_j = e^{i\theta_j}$, 由 (2.1)可知

$$ge^{i\theta}(e^{i\theta_1}, \cdots, e^{i\theta_n}) = (e^{i\theta_1}, \cdots, e^{i\theta_n})\boldsymbol{C}.$$

即有

$$ge^{i(\theta+\theta_j)} = \sum_{k=1}^{n} e^{i\theta_k}c_{kj}.$$

再由 (2.2)取等号, 可见$|c_{kj}|=a_{kj}$. 由于$\boldsymbol{A}$是标准型,

$$\sum_{k=1}^{n}|c_{kj}| = \sum_{k=1}^{n}a_{kj} = g = e^{-i\theta}\sum_{k=1}^{n}e^{-i(\theta_j-\theta_k)}c_{kj}.$$

因此

$$a_{kj} = \mathrm{e}^{-\mathrm{i}(\theta_j-\theta_k)} c_{kj} \mathrm{e}^{-\mathrm{i}\theta}.$$

即得所欲证.

定理 2.8 $\boldsymbol{A}$ 不可分拆, 如 $\boldsymbol{A}$ 有一个以上的特征根的绝对值等于其高标 g, 则这些特征根是

$$g\mathrm{e}^{2\pi\mathrm{i}\ell/k} \quad (\ell = 0,\ 1,\ \cdots,\ k-1).$$

这里, $k \geqslant 2$ 且为正整数.

证 由于 $\boldsymbol{A}$ 有一特征根 $g\mathrm{e}^{\mathrm{i}\theta}$ $(0 < \theta < 2\pi)$, 由定理 2.7 可得

$$\boldsymbol{A} = \mathrm{e}^{\mathrm{i}\theta}[\mathrm{e}^{\mathrm{i}\theta_1},\ \cdots,\ \mathrm{e}^{\mathrm{i}\theta_n}]\boldsymbol{A}[\mathrm{e}^{-\mathrm{i}\theta_1},\ \cdots,\ \mathrm{e}^{-\mathrm{i}\theta_n}]. \quad (2.3)$$

其特征方程是

$$f(\lambda) = |\boldsymbol{A} - \lambda\boldsymbol{I}| = |\mathrm{e}^{\mathrm{i}\theta}\boldsymbol{A} - \lambda\boldsymbol{I}|.$$

假如 λ_0 是一个特征根, 则 $\lambda_0\mathrm{e}^{\mathrm{i}\theta}$, $\lambda_0\mathrm{e}^{2\mathrm{i}\theta}$, $\cdots$ 都是特征根, 而 $f(\lambda)$ 是有限次多项式, 有一最小的正整数 k, 使 $k\theta$ 是 2π 的整数倍. 即得所证.

定理 2.9 设 $\boldsymbol{A}$ 和 $\boldsymbol{B}$ 为不可分拆的非负方阵, 如果 $\boldsymbol{A} \leqslant \boldsymbol{B}$, 则 $g(\boldsymbol{A}) \leqslant g(\boldsymbol{B})$, 其中 $g(\boldsymbol{A})$ 与 $g(\boldsymbol{B})$ 分别表示 $\boldsymbol{A}$ 和 $\boldsymbol{B}$ 的最大正特征根.

证[15] 若 λ 是 $\boldsymbol{A}$ 的特征根, 则 λ^ℓ 是 $\boldsymbol{A}^\ell$ 的特征根, 利

[15]此证有误! 但结论可由后面的定理 2.15 直接得到.

用定理 2.8 可见

$$\lim_{\ell\to\infty}\frac{\mathrm{tr}(\boldsymbol{A}^{\ell})^{\frac{1}{\ell}}}{n}=g(\boldsymbol{A})\qquad [\text{tr: trace}].$$

而 $\mathrm{tr}(\boldsymbol{A}^{\ell})$ 是 a_{ij} 的非负系数多项式, 因此由 $a_{ij}\leqslant b_{ij}$ 立刻得到 $\mathrm{tr}(\boldsymbol{A}^{\ell})\leqslant\mathrm{tr}(\boldsymbol{B}^{\ell})$, 已明所证.

(接上页脚注)证明的主要失误在于所使用的 $g(\boldsymbol{A})$ 的表达式需要假定 $\boldsymbol{A}$ 是原方阵, 见随后的定义 2.5. 反例如下. 取 $\boldsymbol{A}=\left(\begin{smallmatrix}0&1\\1&0\end{smallmatrix}\right)$, 则它有特征值 ±1. 然后当 m 取奇数时, $\boldsymbol{A}^m$ 的谱为 $\{\pm1\}$; 而当 m 为偶数时, $\boldsymbol{A}^m$ 的谱为 $\{1, 1\}$. 因此 $\mathrm{tr}(\boldsymbol{A}^m)$ 为 0 或者 2. 进而 $(\mathrm{tr}(\boldsymbol{A}^m))^{\frac{1}{m}}$ 为 0 或者 $2^{\frac{1}{m}}$, 有两个极限点$\{0, 1\}$, 本身不收敛. 因为 $\boldsymbol{A}$ 为原方阵, 可将其特征值 λ_k 重排为 $g=\lambda_1>|\lambda_2|\geqslant\cdots\geqslant|\lambda_n|$. 此时 $\mathrm{tr}(\boldsymbol{A}^m)=\sum_{i=1}^n\lambda_i^m=g^m\left[1+\sum_{i=2}^n\left(\frac{\lambda_i}{g}\right)^m\right]=g^m\left[1+O\left(\frac{\lambda_2}{g}\right)^m\right]$, 这里 n 固定, $\frac{\lambda_2}{g}<1$. 于是 $\mathrm{tr}(\boldsymbol{A}^m)^{\frac{1}{m}}=g\left[1+O\left(\frac{\lambda_2}{g}\right)^m\right]^{\frac{1}{m}}\to g$, 当 $m\to\infty$. 所以, 当 $\boldsymbol{A}$ 为原方阵时, 应为 $\lim\limits_{\ell\to\infty}\mathrm{tr}(\boldsymbol{A}^{\ell})^{\frac{1}{\ell}}=g(A)$. 关于最大特征值 $g(A)$ 及其使用 tr 的表示和计算, 还可参考下述文章 §7 的开头部分: M.F. Chen & Y.S. Li(2019). *Improved global algorithms for maximal eigenpair*. Front. Math. China, 14(6): 1077–1116.

§2.4 循环方阵[16]

定理 2.10 如果 $\boldsymbol{A}$ 是不可分拆的, g 为其高标, 且除了 g 之外, 另有一特征根的绝对值等于 g, 则在 P_n 之下, $\boldsymbol{A}$ 相似于具有以下形状的方阵

$$\begin{pmatrix} 0 & \boldsymbol{A}_{12} & 0 & \cdots & 0 \\ 0 & 0 & \boldsymbol{A}_{22} & \cdots & 0 \\ \vdots & \vdots & \vdots & \vdots & \vdots \\ 0 & 0 & 0 & \cdots & \boldsymbol{A}_{i-1,k} \\ \boldsymbol{A}_{k,1} & 0 & 0 & \cdots & 0 \end{pmatrix} \quad \begin{array}{c} \boldsymbol{A}_{i,i+1} = \boldsymbol{A}_{i,i+1}^{(\ell_i,\ell_{i+1})}, \\ \boldsymbol{A}_{k,k+1} = \boldsymbol{A}_{k,1}. \end{array} \tag{2.4}$$

证 可把另一特征根取为 $g\mathrm{e}^{2\pi\mathrm{i}/k}$, 重复运用 (2.3) k 次, 得

$$\boldsymbol{A} = [\mathrm{e}^{\mathrm{i}\,k\theta_1}, \cdots, \mathrm{e}^{\mathrm{i}\,k\theta_n}]\boldsymbol{A}[\mathrm{e}^{-\mathrm{i}\,k\theta_1}, \cdots, \mathrm{e}^{-\mathrm{i}\,k\theta_n}].$$

因此, 必有 $\mathrm{e}^{\mathrm{i}\,k\theta_1} = \cdots = \mathrm{e}^{\mathrm{i}\,k\theta_n}$, 否则 $\boldsymbol{A}$ 可分拆. 不妨假定 $\mathrm{e}^{\mathrm{i}\,k\theta_j} = 1(1 \leqslant j \leqslant n)$, 即 $\mathrm{e}^{\mathrm{i}\theta_j}$ 都是 k 次方根. 把 $[\mathrm{e}^{\mathrm{i}\theta_1}, \cdots, \mathrm{e}^{\mathrm{i}\theta_n}]$ 写成(经置换后)直和形式 $\boldsymbol{I}^{(\ell_1)} + \mathrm{e}^{2\pi\mathrm{i}/k}\boldsymbol{I}^{(\ell_2)} + \cdots + \mathrm{e}^{2\pi\mathrm{i}\,(k-1)/k}\boldsymbol{I}^{(\ell_{k-1})}$(其中至少

[16]本节为下一节服务, 提供一类矩阵, 它们是非原方阵. 这是使用矩阵论语言, 似乎不易理解. 下一节介绍另一种描述.

有两个 $\ell_j > 0$). 把 $\boldsymbol{A}$ 分割成

$$\begin{pmatrix} \boldsymbol{A}_{11} & \cdots & \boldsymbol{A}_{1k} \\ \vdots & \vdots & \vdots \\ \boldsymbol{A}_{k1} & \cdots & \boldsymbol{A}_{kk} \end{pmatrix}, \qquad \boldsymbol{A}_{s,\,t} = \boldsymbol{A}_{s,\,t}^{(\ell_s,\,\ell_t)}.$$

代入 (2.3)则得

$$\boldsymbol{A}_{s,\,t} = \mathrm{e}^{2\pi\mathrm{i}/k} \cdot \mathrm{e}^{2\pi\mathrm{i}(s-1)/k} \cdot \mathrm{e}^{-2\pi\mathrm{i}(t-1)/k} \boldsymbol{A}_{s,\,t}.$$

立刻推出 $\boldsymbol{A}_{s,\,t} = 0$, 但 $1 + s - t = 0$ 时例外, 由此得定理 2.10.

附记: 方阵 (2.4) 的 k 次幂等于

$$\boldsymbol{A}^k = \begin{pmatrix} \boldsymbol{B}_1 & 0 & \cdots & 0 \\ 0 & \boldsymbol{B}_2 & \cdots & 0 \\ \vdots & \vdots & \vdots & \vdots \\ 0 & 0 & \cdots & \boldsymbol{B}_k \end{pmatrix},$$

此处

$$\begin{aligned} \boldsymbol{B}_1 &= \boldsymbol{A}_{12}\boldsymbol{A}_{23}\cdots\boldsymbol{A}_{k1}\,(=\boldsymbol{B}_1^{(\ell_1)}), \\ \boldsymbol{B}_2 &= \boldsymbol{A}_{23}\boldsymbol{A}_{34}\cdots\boldsymbol{A}_{12}\,(=\boldsymbol{B}_2^{(\ell_2)}), \\ &\vdots \\ \boldsymbol{B}_k &= \boldsymbol{A}_{k,\,1}\boldsymbol{A}_{12}\cdots\boldsymbol{A}_{k-1,\,k}\,(=\boldsymbol{B}_k^{(\ell_k)}). \end{aligned}$$

$\boldsymbol{A}^k$ 成为完全可分拆的. 不难证明 $\boldsymbol{P}^{(\ell, m)}\boldsymbol{Q}^{(m, \ell)}$ 与 $\boldsymbol{Q}^{(m, \ell)}\boldsymbol{P}^{(\ell, m)}$ 两方阵的非零特征根是相同的, 因此 $\boldsymbol{B}_1, \cdots, \boldsymbol{B}_k$ 的非零特征根都相同.

§2.5 原方阵[17]

定义 2.5 如果有一正整数 ℓ, 使 $\boldsymbol{A}^\ell$ 成为可分拆, 则 $\boldsymbol{A}$ 称为非原方阵, 不然 $\boldsymbol{A}$ 称为原方阵.

不可分拆的方阵分为原方阵与非原方阵两类. 由 §2.4 可知, 循环方阵是非原方阵. 由此可给出原方阵的另一定义: 原方阵绝对值等于高标 g 的特征根只有 g.

定理 2.11 命 $\boldsymbol{A}$ 是高标为 g 的原方阵, 则

$$\lim_{\ell\to\infty}\left(\frac{\boldsymbol{A}}{g}\right)^\ell = \boldsymbol{u}'\boldsymbol{v},\ 且\ \boldsymbol{v}\boldsymbol{u}' = 1.$$

[17]下面是原方阵的一种概率论描述, 适用于无穷矩阵. 记 $\boldsymbol{A}^m = \left(a_{ij}^{(m)}\right)$. 定义 d_i = 集合$\{m:\ a_{ii}^{(m)} > 0\}$ 的最大公约数(总假定此集合非空), 称之为 i 的周期. 但当 $d_i = 1$ 时, 称之为非周期. 当 $\boldsymbol{A}$ 不可约时, 可证 d_i 与 i 无关. 于是可称 $\boldsymbol{A}$ 有周期 d 或非周期. 由此得知, 如 $\boldsymbol{A}$ 不可约且含一正的对角线元素, 则 $\boldsymbol{A}$ 非周期.在我们后续的研究中, 只要有消费, 此条件自动满足. 因此在多数情况下可略去非周期假设条件.

这里, $\boldsymbol{u}'$, $\boldsymbol{v}$ 分别为 $\boldsymbol{A}$ 的正列、行特征矢量.

证 (1) 因 $\boldsymbol{A}$ 的其他非 g 的特征根的绝对值都小于 g, 所以

$$\lim_{\ell\to\infty}\left(\frac{\boldsymbol{A}}{g}\right)^{\ell}=\boldsymbol{A}_0$$

只有一个特征根等于 1, 其他都为零. 因此 $\boldsymbol{A}_0$ 可以表成为 $\boldsymbol{u}'\boldsymbol{v}$ 及 $\boldsymbol{v}\boldsymbol{u}'=1$.

(2) 命 $\boldsymbol{c}$ 为一任意非零特征矢量, 则

$$\boldsymbol{c}\boldsymbol{u}'\boldsymbol{v}=(\boldsymbol{c}\boldsymbol{u}')\boldsymbol{v}.$$

即如果定义

$$\boldsymbol{v}_{\ell}=\boldsymbol{c}\left(\frac{\boldsymbol{A}}{g}\right)^{\ell},$$

则

$$\lim_{\ell\to\infty}\boldsymbol{v}_{\boldsymbol{\ell}}=\boldsymbol{c}\boldsymbol{u}'\boldsymbol{v}$$

是 $\boldsymbol{v}$ 的常数倍, 因此

$$g\boldsymbol{v}_{\ell+1}=\boldsymbol{c}\left(\frac{\boldsymbol{A}}{g}\right)^{\ell}\boldsymbol{A}=\boldsymbol{v}_{\ell}\boldsymbol{A}.$$

当 ℓ 趋向无穷, 可见 $\boldsymbol{v}$ 是 $\boldsymbol{A}$ 的对应于特征值 g 的正特征矢量. 同样, $\boldsymbol{u}'$ 是 $\boldsymbol{A}$ 的正(列)特征矢量.

定理 2.12 对任一原方阵, 有一正整数 ℓ 存在, 使 $\boldsymbol{A}^{\ell}>0$.

其原因是 $\boldsymbol{u}'\boldsymbol{v}$ 的元素都是正的.

定义 2.6 一个原方阵 $\boldsymbol{A}$ 的正列特征矢量 $\boldsymbol{u}'$, 正行特征矢量 $\boldsymbol{v}$, 高标 g, 此三者称为 $\boldsymbol{A}$ 的三特征.

定理 2.13 如果二原方阵 $\boldsymbol{A}$, $\boldsymbol{B}$ 有相同的三特征, 则

$$\lim_{\ell\to\infty}\left(\frac{\boldsymbol{A}}{g}\right)^{\ell}=\lim_{\ell\to\infty}\left(\frac{\boldsymbol{B}}{g}\right)^{\ell}.$$

即可以说 $\boldsymbol{A}$, $\boldsymbol{B}$ 是渐近相同的.

在此所谈的大都是 Perron-Frobenius 的原来的结果 [7, 8, 9, 10], 不过略加安排, 使易于看出其在经济学上的意义. 以下所言, 在数学上才略有新意.

§2.6 基本定理的证明

在数学上通常讨论如下形式的链

$$\boldsymbol{x}\boldsymbol{A}^{\ell} \qquad (\ell=0,\ 1,\ 2,\ \cdots). \tag{2.5}$$

这里, $\boldsymbol{x}>0$, $\boldsymbol{A}\geqslant 0$, 此链每一项都是一正矢量.

著名的 Markov 链就是其例 [1].

我们现在研究

$$\boldsymbol{x}\boldsymbol{A}^{-\ell} \qquad (\ell=0,\ 1,\ 2,\ \cdots). \tag{2.6}$$

(当然 $\boldsymbol{A}$ 的逆存在). 相对前者来说, 可以说这是一逆链. 我们将证明: 在某些假定条件下, 当 ℓ 充

分大时, $\boldsymbol{x}\boldsymbol{A}^{-\ell}$ 将不是非负矢量.

如 $\boldsymbol{x}$ 是 $\boldsymbol{A}$ 的唯一的正特征矢量, 则

$$\boldsymbol{x}\boldsymbol{A} = g\boldsymbol{x}.$$

因此

$$\boldsymbol{x}\boldsymbol{A}^{-1} = g^{-1}\boldsymbol{x}, \qquad \boldsymbol{x}\boldsymbol{A}^{-\ell} = g^{-\ell}\boldsymbol{x}.$$

(2.6) 中每一矢量都是正的.

我们有如下的**基本定理**:

定理 2.14　如果 $\boldsymbol{A}$ 是一原方阵, 且可逆; 又如果 $\boldsymbol{x}$ 非 $\boldsymbol{A}$ 的正特征矢量, 则一定有一正整数 ℓ_0 存在, 当 $\ell \geqslant \ell_0$ 时,

$$\boldsymbol{x}\boldsymbol{A}^{-\ell} = \boldsymbol{x}^{(\ell)}$$

是一有不同号支量的矢量.

证　由定理 2.11 有

$$\lim_{\ell\to\infty}\left(\frac{\boldsymbol{A}}{g}\right)^{\ell} = \boldsymbol{u}'\boldsymbol{v}, \quad \boldsymbol{v}\boldsymbol{u}' = 1$$

及

$$\boldsymbol{A}\boldsymbol{u}' = g\boldsymbol{u}',\ \boldsymbol{v}\boldsymbol{A} = g\boldsymbol{v}, \qquad \boldsymbol{u} > 0,\ \boldsymbol{v} > 0.$$

我们不妨假定 $\boldsymbol{u}$ 的支量之和等于 1. 这样 $\boldsymbol{u}$, $\boldsymbol{v}$ 都唯一决定了.

并不失去普遍性，我们可假定 $g=1$ 及 $\boldsymbol{x}\boldsymbol{u}'=1$. 由此推出 $\boldsymbol{x}^{(\ell)}\boldsymbol{u}'=\boldsymbol{x}\boldsymbol{A}^{-\ell}\boldsymbol{u}'=\boldsymbol{x}\boldsymbol{u}'=1$. 假定对所有的 ℓ 都有

$$\boldsymbol{x}^{(\ell)}\geqslant 0.$$

则由 $\boldsymbol{x}^{(\ell)}\boldsymbol{u}'=1$, 可知 $\boldsymbol{x}^{(\ell)}$ 形成一有界集合，由 Weierstrass-Bolzano 定理，得出子序列 ℓ_i, 使

$$\lim_{i\to\infty}\boldsymbol{x}^{(\ell_i)}=\boldsymbol{x}^{\star}\geqslant 0$$

及 $\boldsymbol{x}^{\star}\boldsymbol{u}'=1$. 故

$$\boldsymbol{x}=\lim_{i\to\infty}\boldsymbol{x}\boldsymbol{A}^{-\ell_i}\cdot\boldsymbol{A}^{\ell_i}=\boldsymbol{x}^{\star}\boldsymbol{u}'\boldsymbol{v}=\boldsymbol{v}.$$

即 $\boldsymbol{x}$ 是 $\boldsymbol{A}$ 的正特征矢量. 定理证毕.

若 $\boldsymbol{A}$ 是不可分拆的非原方阵，由定理 2.10, 不妨假定 $\boldsymbol{A}$ 为形如 (2.4) 的方阵. 由于 $\boldsymbol{A}$ 是可逆的，因此 $n=rk$, 所有的 $\boldsymbol{A}_{i,\,i+1}$ 都是可逆的 r 阶方阵. 由 §2.4 的附记，可知

$$\boldsymbol{A}^k=\begin{pmatrix}\boldsymbol{B}_1 & & \\ & \ddots & \\ & & \boldsymbol{B}_k\end{pmatrix}.$$

$\boldsymbol{B}_i$ $(1\leqslant i\leqslant k)$ 都是 r 阶可逆的非负方阵. 设 $\boldsymbol{u}$ 为 $\boldsymbol{A}$ 的正特征矢量，即 $\boldsymbol{u}\boldsymbol{A}=g\boldsymbol{u}$. 将 $\boldsymbol{u}$ 等分为 k 段,

$$\boldsymbol{u}=(\boldsymbol{u}_1,\ \cdots,\ \boldsymbol{u}_k).$$

由于 $\boldsymbol{u}\boldsymbol{A}^k = g^k\boldsymbol{u}$, 易见 $\boldsymbol{u}_i\boldsymbol{B}_i = g^k\boldsymbol{u}_i$, $(1 \leqslant i \leqslant k)$. 今取 $\boldsymbol{x} = (\alpha_1 u_1, \cdots, \alpha_k u_k)$, 这里 $\alpha_i (1 \leqslant i \leqslant k)$ 都是正常数, 则 $\boldsymbol{x}\boldsymbol{A}^{-\ell k} (\ell = 0, 1, \cdots)$ 永远是正矢量. 但 $\boldsymbol{x}$ 并不一定是 $\boldsymbol{u}$ 的常数倍, 故当 $\boldsymbol{A}$ 是不可分拆的非原方阵时, 基本定理不成立.

再考虑一个可分拆的非负方阵的例子[18].

命 $\alpha > 0$, $\beta > 0$, $\boldsymbol{x} = (x, 1)$ 及

$$\boldsymbol{A} = \begin{pmatrix} 1 & 0 \\ \alpha/\beta & 1/\beta \end{pmatrix}.$$

因此

$$\boldsymbol{x}\boldsymbol{A}^{-\ell} = (x, 1)\begin{pmatrix} 1 & 0 \\ \frac{-\alpha(1-\beta^\ell)}{1-\beta} & \beta^\ell \end{pmatrix} = \left(x - \frac{\alpha}{1-\beta}, 0\right) + \beta^\ell \left(\frac{\alpha}{1-\beta}, 1\right).$$

若 $\beta > 1$, 对任意 $\boldsymbol{x}$, 当 ℓ 充分大时, 其第一支量小于零; 若 $\beta < 1$, 则当 $x > \alpha(1-\beta)^{-1}$ 时, 对任何 ℓ 都有 $\boldsymbol{x}\boldsymbol{A}^{-\ell} > 0$. 即在可分拆的情况下, 无 $\boldsymbol{x}$ 可使 $\boldsymbol{x}\boldsymbol{A}^{-\ell}$ 不变号, 或可以有无穷个 $\boldsymbol{x}$ 使 $\boldsymbol{x}\boldsymbol{A}^{-\ell}$ 不变号.

---

18 换言之, 在可分拆情形, 得不到这套理论.

§2.7 一个 min-max 定理

定理 2.15 对一个不可分拆的 $\boldsymbol{A}$, 我们有[19]

$$g=\min_{x>0}\max_{1\leqslant j\leqslant n}\frac{\sum_{i=1}^{n}x_ia_{ij}}{x_j}.$$

此定理与定理 2.2 等价. 该定理所考虑的问题是: 求 $\boldsymbol{\Lambda}$ 使 $\boldsymbol{\Lambda A\Lambda}^{-1}$ 的列和 $g_1(\boldsymbol{\Lambda}),\cdots,g_n(\boldsymbol{\Lambda})$ 相等. 明确地写出来, 就是

$$\boldsymbol{\Lambda A\Lambda}^{-1}=(\lambda_ia_{ij}\lambda_j^{-1}).$$

以 x_i 代替 λ_i, 则

$$g_j(\boldsymbol{\Lambda})=\frac{\sum_{i=1}^{n}x_ia_{ij}}{x_j}.$$

定理 2.2 指出: 我们有 $x>0$, 使诸 $g_j(\boldsymbol{\Lambda})$ 都等于 g. 该定理的证明方法, 也是使 $g_j(\boldsymbol{\Lambda})$ $(1\leqslant j\leqslant n)$ 的最大者与最小者的差距变小, 最后达到诸 g_j 都相等.

[19]将下式中的 min 与 max 互换, 等式依然成立. 这是关于最大特征值著名的 Collatz-Wielandt (对偶)变分公式.

§2.8 经济数学的近代流派

J. Franklin概括地用几句话叙述了经济数学的近代流派: “由 Walras 到 Debreu, 经济学家谈到了平衡问题. 首先, 经济学描绘成为一个某一数学空间的状态变量 x, 当经济上某种情况出现, 这状态变为另一状态 $f(x)$, 一个平衡状态可以说成为 $x = f(x)$.” [5]

在我们所讨论情况下, 态就是各部门之间的比例, 因此是他们所提出的广泛系统的一个特例. 他们运用的是著名的Brouwer 不动点定理[6]: “一个连续函数 $y = f(x)$ 将一个单位球变入其自己, 则必有一不动点 $x = f(x)$.”

正特征矢量的存在性的问题, 也可由以下的方法来推得. 命

$$\boldsymbol{y} = \boldsymbol{x}\boldsymbol{A}/\sigma(\boldsymbol{x}\boldsymbol{A}) \qquad (\sigma(\boldsymbol{x}) = x_1 + \cdots + x_n). \tag{2.7}$$

这是一个连续函数, 把单纯形

$$x_1 + \cdots + x_n \leqslant 1, \ \ x_i \geqslant 0 \tag{2.8}$$

变入其自己, 由 Brouwer 定理立刻推出 (2.7)在(2.8)上有一个不动点, 即得 $\boldsymbol{x}$, 使

$$\lambda\boldsymbol{x} = \boldsymbol{x}\boldsymbol{A}, \qquad \boldsymbol{x} \geqslant 0.$$

当然，我们不难推出 $x > 0$. 数学上一基本原则是假定越广，则结果越少. 例如，Brouwer 定理不能得到不动点的唯一性(实际上还不能保证其是内点)，更不能保证极限环不能存在. 而极限环的情况已被我们的基本定理所排除了.

更重要的一点是，我们的方法是一个现代计算机所能有效地具体算出的方法.

参考文献

[1] Гантмахер Ф.Р. (1955). 矩阵论. 柯召译. 北京，高等教育出版社.

[2] 华罗庚(1984). 高等数学引论余篇，第九章. 北京，科学出版社.

[3] Seneta, E. (1973). *Non-negative Matrices*, John Wiley & Sons, Inc., New York.

[4] Berman, A. and Plemmons R.J. (1979). *Non-negative Matrices in the Mathematical Sciences*, Academle Press, New York.

[5] Franklin, J. (1980). *Methods of Mathematical Economics*, Springer, Berlin.

[6] Debreu, G. (1959). *Theory of Values, An Axiomatic Analysis of Economic Equilibrium*, John Wiley & Sons, Inc., New York.

文章

[7] Perron, O. (1907). *Zur theorie der matrices*, Math, Ann 64: 248-263.

[8] Frobenius, G. (1908). *Über matrizen aus positiven elementen*, S.-B. Preuss Akad.Wiss. (Berlin), 471-476.

[9] Frobenius, G. (1909). *Über matrizen aus positiven elementen II*, S.-B. Preuss Akad. Wiss. (Berlin), 514-518.

[10] Frobenius, G. (1912). *Über matrizen aus nicht negativen elementen*, S.-B. Preuss Akad. Wiss. (Berlin), 456-477.

第三章　经济系统(续)

§3.1 带有第二部类产品的数学模型

就数学观点来说,研究非负方阵的理论中,不可分拆方阵的研究占主要地位. 在研究好这一部分之后,一般理论也就迎刃而解了. 同样,在经济体系的研究中,我们在第一章研究第一部类的产品之后,现可以研究带有第二部类产品的经济系统了. 第二部类是指消费资料的生产部门,但在我们的数学模型中,把行政开支、国防费用、教育文化、输出和输入等也包括在其中一起处理.

以产综 ζ 代表政府开支、教育文化、对外出口及当年不见效的基本建设所用材料等的总和,减去进口、投资折旧等的总和,这样可以概括为以下的数学模型

$$\boldsymbol{x}^{(\ell)} - \boldsymbol{\zeta}^{(\ell)} = \boldsymbol{x}^{(\ell+1)}\boldsymbol{A} \qquad (\ell = 0,\ 1,\ 2,\ \cdots). \quad (3.1)$$

即 $\boldsymbol{x}^{(\ell)}$ 是 ℓ 年可以投入生产的产综,减去“开销”产综 $\boldsymbol{\zeta}^{(\ell)}$,由上述公式得出 $\ell+1$ 年可以投入生产的产综.

$\boldsymbol{\zeta}^{(\ell)}$ 一般不属于具体工作者所掌握,而是由领导全面考虑所决定的. 具体工作者当然也可

以按领导所提的一种或多种设想, 提出初步方案, 供领导裁决. 我们的方案是保证把 $\boldsymbol{\zeta}^{(\ell)}$ 取得使 $\boldsymbol{x}^{(\ell)}$ 及 $\boldsymbol{x}^{(\ell+1)}$ 尽可能在正特征矢量附近.

现在, 用 $\boldsymbol{\beta}^{(0)}$ 表示一个暂不确定的矢量, 一旦 $\boldsymbol{\beta}^{(0)}$ 决定后, 就可由

$$\boldsymbol{\zeta}^{(\ell)} = \boldsymbol{\beta}^{(\ell+1)}\boldsymbol{A} - \boldsymbol{\beta}^{(\ell)} \quad (\ell = 0,\ 1,\ 2,\ \cdots). \tag{3.2}$$

逐个定出 $\boldsymbol{\beta}^{(\ell)}$ 来. 由(3.1)与(3.2)可得

$$\boldsymbol{x}^{(\ell)} + \boldsymbol{\beta}^{(\ell)} = (\boldsymbol{x}^{(\ell+1)} + \boldsymbol{\beta}^{(\ell+1)})\boldsymbol{A}.$$

这样, 就与第一章中所讨论的问题具有相同的表达形式了. 如果取 $\boldsymbol{\beta}^{(0)}$ 使 $\boldsymbol{x}^{(0)} + \boldsymbol{\beta}^{(0)}$ 是正特征矢量 $\boldsymbol{u}$, 则由归纳法可以算出

$$\boldsymbol{x}^{(\ell)} + \boldsymbol{\beta}^{(\ell)} = g^{-\ell}(\boldsymbol{x}^{(0)} + \boldsymbol{\beta}^{(0)}) = g^{-\ell}\boldsymbol{u}.$$

当然, 我们应当重新检查 $\boldsymbol{x}^{(\ell)}$ 是否是非负矢量.

总之, 我们的问题归纳为: 有了 $\boldsymbol{\zeta}^{(\ell)}$ 要确定 $\boldsymbol{\beta}^{(\ell)}$. 用归纳法可以证明

$$\boldsymbol{\beta}^{(\ell+1)} = (\boldsymbol{\zeta}^{(0)} + \boldsymbol{\beta}^{(0)})\boldsymbol{A}^{-(\ell+1)} + \boldsymbol{\zeta}^{(1)}\boldsymbol{A}^{-\ell} + \cdots + \boldsymbol{\zeta}^{(\ell)}\boldsymbol{A}^{-1}.$$

这说明, 如果所提出的 $\boldsymbol{\zeta}^{(1)}, \cdots, \boldsymbol{\zeta}^{(\ell)}$ 成为 $\boldsymbol{A}$ 的特征矢量, 这样不但有利于生产, 而且使我们的计算也大大简化.

$\boldsymbol{\zeta}^{(\ell)}$ 是由政策决定的. 但如果给一个原则性的指标, 例如[20], 从当年预计的增产值 $\boldsymbol{x}^{(\ell+1)} - \boldsymbol{x}^{(\ell)}$

[20]虽有点失误, 但从此处至本节之末的这七行, 乃

中拿出 α 倍 $(0 < \alpha < 1)$ 作为开销矢量 $\boldsymbol{\zeta}^{(\ell)}$, 即

$$\boldsymbol{\zeta}^{(\ell)} = \alpha(\boldsymbol{x}^{(\ell+1)} - \boldsymbol{x}^{(\ell)}).$$

代入 (3.1)得到

$$(1+\alpha)\boldsymbol{x}^{(\ell)} = \boldsymbol{x}^{(\ell+1)}(\boldsymbol{A} + \alpha\boldsymbol{I}).$$

取 $(1+\alpha)^{-1}(\boldsymbol{A}+\alpha\boldsymbol{I})$ 代替原来的 $\boldsymbol{A}$, 就化为第一章所讨论的问题了.

§3.2 生产能力的上界

这里先顺便介绍一下著名的 Leontief 方法的数学实质. 前面说过[21]

$$\boldsymbol{x}^{(0)} = \boldsymbol{x}^{(1)}\boldsymbol{A}.$$

因此

$$\boldsymbol{x}^{(1)} - \boldsymbol{x}^{(0)} = \boldsymbol{x}^{(1)}(\boldsymbol{I} - \boldsymbol{A}).$$

(接上页脚注)本书最重要的更新. 详见新版序言的参考文献 [2; §7]. 事实上, 这也是与本书同时出版的下述研究专著所述的新理论的出发点:《华罗庚经济优化新理论与实证》. 陈木法, 谢颖超, 陈彬, 周勤, 杨婷著. 北京师大出版社 2024.

[21]原书漏掉下一行的式子.

这几行就叙述了 Leontief 方法. 对于 $(\boldsymbol{I}-\boldsymbol{A})^{-1}$ 的计算, Leontief 建议用 [1]

$$(\boldsymbol{I}-\boldsymbol{A})^{-1}=\sum_{k=1}^{\infty}\boldsymbol{A}^k.$$

为此, 需要计算 $\boldsymbol{A}$ 的每一个乘幂 $\boldsymbol{A}^k\,(k=1,2,\cdots)$. 但是, 实际上我们早已知道, 只需要计算

$$\boldsymbol{A},\ \boldsymbol{A}^2,\cdots,\boldsymbol{A}^{2^k}$$

等乘幂便已足够 [2]. 这是因为

$$(\boldsymbol{I}+\boldsymbol{A})(\boldsymbol{I}+\boldsymbol{A}^2)\cdots(\boldsymbol{I}+\boldsymbol{A}^{2^m})=\sum_{k=0}^{2^{m+1}-1}\boldsymbol{A}^k.$$

故若命 $\boldsymbol{B}_0=\boldsymbol{I}+\boldsymbol{A}$, 则

$$\boldsymbol{B}_k=\boldsymbol{B}_{k-1}(\boldsymbol{I}+\boldsymbol{A}^{2^k})=\boldsymbol{B}_{k-1}+\boldsymbol{B}_{k-1}\boldsymbol{A}^{2^k}.$$

可见, $\boldsymbol{B}_k$ 将以很快的速度收敛于 $(\boldsymbol{I}-\boldsymbol{A})^{-1}$. 如果 $\boldsymbol{x}^{(0)}$ 是正特征矢量, 则

$$\boldsymbol{x}^{(1)}-\boldsymbol{x}^{(0)}=(\frac{1}{g}-1)\boldsymbol{x}^{(0)}.$$

无论我们前面介绍的方法, 还是现在所介绍的 Leontief 的方法, 都有一个缺点, 就是没有考虑生产能力限制的问题. 也就是说, 如果 $\boldsymbol{x}^{(1)}=$

$\boldsymbol{x}^{(0)}\boldsymbol{A}^{-1}$ 的一个分量超过了现有的生产能力, 这时任务就无法完成, 怎么办?

这里我们建议用线性规划方法来处理. 用 $\boldsymbol{g}=(g_1, \cdots, g_n)$ 表示产品的价值矢量, 也就是说, $g_i(i=1, \cdots, n)$ 是每一 U_i 单位的第 i 类产品的价值, 又用 $\boldsymbol{\eta}=(\eta_1, \cdots, \eta_n)$ 表示生产能力的上限, 也即按现有水平在下一年度中最多能生产出第 i 类产品 η_i 个 U_i 单位. 于是问题变成: 应当投入多少产品, 也即求 $\boldsymbol{x}$, 使 $\boldsymbol{x}^{(1)}=\boldsymbol{x}\boldsymbol{A}^{-1}$ 既能满足生产能力的限制, 又能使总产值 $\boldsymbol{x}^{(1)}\boldsymbol{g}'$ 达到最大. 因为 $\boldsymbol{x}$ 自然受到 $0\leqslant\boldsymbol{x}\leqslant\boldsymbol{x}^{(0)}$ 的约束限制, 又按要求 $\boldsymbol{x}^{(1)}=\boldsymbol{x}\boldsymbol{A}^{1}$ 须满足

$$0\leqslant\boldsymbol{x}^{(1)}=\boldsymbol{x}\boldsymbol{A}^{-1}\leqslant\boldsymbol{\eta},$$

所以得到线性规划模型

$$\max_{\substack{0\leqslant\boldsymbol{x}\leqslant\boldsymbol{x}^{(0)}\\0\leqslant\boldsymbol{x}\boldsymbol{A}^{-1}\leqslant\boldsymbol{\eta}}}\quad\boldsymbol{x}\boldsymbol{A}^{-1}\boldsymbol{g}'.$$

当然, 用线性规划方法必然会导致整个规划受制于一种或少数几种产品生产能力的问题, 也就是其他部门的生产能力没有充分发挥. 怎样才能充分发挥各部门的生产能力, 自然的要求是各部门生产能力之比等于正特征矢量支量间之

比,即 $\boldsymbol{\eta} = (\eta_1, \cdots, \eta_n)$ 也是正特征矢量. 而运用线性规划方法是权宜之计.

因此,基本建设、设备添置也应当服从这一需要. 也就是说,应当对那些生产能力相对薄弱的部门进行投资,添加设备,以使各生产部门生产能力的比例更接近于正特征矢量各分量之比.

在出现 $\boldsymbol{x}^{(1)} > \boldsymbol{\eta}$ 的问题时,首先应当考虑给薄弱部门添加设备,增加其生产能力,以使 $\boldsymbol{x}^{(1)} \leqslant \boldsymbol{\eta}$ 得以满足.

用上面的方法确定了应当对哪些部门增加投资、添置设备,剩下的问题是应当在哪些地区或工厂,以何种方式添置怎样的设备. 例如,电力不足,那么应当发展火力发电,还是水力发电或是核力发电,电站应当设在何处,等等. 有关这些问题,自然要做一番调查研究与论证工作,但看来最后还得依靠统筹优选来精打细算地安排,既要注意到建设过程中何时何物达到何处,才能使之工期最短,最快投入生产,又要考虑到建成后对于生产的得益最大的问题. 提高生产能力超过需要而达到窝工的程度更是不允许了.

§3.3 调 整

前面已经说明, n 维空间第一象限中的任何一点都可以成为初始产综 $\boldsymbol{x}^{(0)}$, 而能保证以最高经济增长率发展的 $\boldsymbol{x}^{(0)}$ 则组成 n 维空间中的一条射线, 也就是全体正特征矢量构成的射线. 所以, 不仅少了测度为零的问题, 而且还仅仅是 n 维空间的一条射线的点集, 所以能达到最高增长率的可能性渺渺乎其小哉! 如果让生产系统自然发展而不加以控制, 必然会走上不平衡的道路, 最后导致危机.

现在来考察一个给定矢量 $\boldsymbol{x}$ 与正特征矢量射线的距离. 设 $\boldsymbol{u}$ 是一正特征矢量, 则 $\boldsymbol{x}$ 与正特征矢量 $\alpha\boldsymbol{u}$ $(\alpha > 0)$ 间的距离平方为

$$(\boldsymbol{x} - \alpha\boldsymbol{u})(\boldsymbol{x} - \alpha\boldsymbol{u})'.$$

因为

$$\begin{aligned}
&\boldsymbol{x}\boldsymbol{x}' - 2\alpha\boldsymbol{u}\boldsymbol{x}' + \alpha^2\boldsymbol{u}\boldsymbol{u}' \\
&= \boldsymbol{u}\boldsymbol{u}'(\alpha - \boldsymbol{u}\boldsymbol{x}'/\boldsymbol{u}\boldsymbol{u}')^2 + \boldsymbol{x}\boldsymbol{x}' - (\boldsymbol{u}\boldsymbol{x}')^2/\boldsymbol{u}\boldsymbol{u}' \\
&\geqslant \boldsymbol{x}\boldsymbol{x}' - (\boldsymbol{u}\boldsymbol{x}')^2/\boldsymbol{u}\boldsymbol{u}',
\end{aligned}$$

所以, 当 $\alpha = \boldsymbol{u}\boldsymbol{x}'/\boldsymbol{u}\boldsymbol{u}'$ (设为 $\bar{\alpha}$) 时, 该距离最小, 也即 $\boldsymbol{x}$ 与特征矢量线的距离平方为

$$\varepsilon(\boldsymbol{x}) = \boldsymbol{x}\boldsymbol{x}' - (\boldsymbol{u}\boldsymbol{x}')^2/\boldsymbol{u}\boldsymbol{u}'.$$

因为用 $\alpha\boldsymbol{u}$ 代替 $\boldsymbol{u}$ 后, $\varepsilon(\boldsymbol{x})$ 的值不变, 所以它是一个与特征矢量 $\boldsymbol{u}$ 的选取无关的数. 如果 $\boldsymbol{\varepsilon}(\boldsymbol{x}) = 0$, 则 $\boldsymbol{x}$ 就是一特征矢量, 而若 $\boldsymbol{\varepsilon}(\boldsymbol{x}) \leqslant \varepsilon^2$, 则肯定有

$$|x_i - \bar{\alpha}u_i| \leqslant \varepsilon \qquad (i = 1, 2, \cdots, n),$$

也就是 $\boldsymbol{x}$ 与 $\bar{\alpha}\boldsymbol{u}$ 的对应分量相差都不超过 ε.

有了正特征矢量法, 就有了标准. 例如, 各部门生产能力的比例如何? 我们希望它们间的比例能够符合正特征矢量各分量间的比例, 从而可使经济以最高速度发展, 不然也希望 $\boldsymbol{\varepsilon}(\boldsymbol{x})$ 越小越好.

人民生活所需和政府开支可能有些伸缩性, 对输入输出我们也有主动权, 可以希望作为一个总体投入生产的数量符合正特征矢量分量间的比例. 有了最大特征根及正特征矢量, 一切计算都简化了.

注意: 如果不加调整, 任其自然发展, 经济一定会走上崩溃之路, 崩溃的现象出现于 $\boldsymbol{x}^{(\ell)}$ 含有负分量之时.

结论: “调整”不是头痛医头, 脚痛医脚. 必须经过全面计算, 找出方案来. 正特征矢量法正是解决这个问题的方法, 而且理论证明: 只有用此法才好. 不然拍拍脑袋抓重点, 将会失去平衡, 失去平衡而不及时调整, 则难免出现不可收拾的局面. 当然, 调整是不可避免的, 因为以上理论证明了不平衡性是经常的, 而平衡是短暂的. 在了解了与正特征矢量的差距后, 我们可以主动地加以控制, 使经济系统在平衡附近变化, 不使其出现 $\boldsymbol{\varepsilon}(\boldsymbol{x})$ 太大. 有如这是一个方向盘, 领导掌握之后, 可以控制全局, 不断进行小调整, 使其不要太远地偏离我们的主要航道, 然后来个急转弯.

参考文献

[1] Leontief, W. (1966). *Input-Output Economics*. Oxford University Press, Oxford U.K.

[2] 华罗庚(1984). 高等数学引论余篇, 第九章. 北京, 科学出版社. 可与 A.R. Gourlay, G.A. Watson (1973) 所著的矩阵特征值问题的计算方法的第四章比较.

第四章　表　格

在研究了生产能力的限制和最终消费之后，我们可以在§1.3 的表格的基础上作出以下的表格(见表 4-1).

表 4-1

生产部门的标号		1	2	$\cdots$	i	$\cdots$	n	矩阵形式及算法
生产能力的上界		η_1	η_2	$\cdots$	η_i	$\cdots$	η_n	$\boldsymbol{\eta}$
投入产综	内部产综	a_1	a_2	$\cdots$	a_i	$\cdots$	a_n	$\boldsymbol{a}$
	外部产综	b_1	b_2	$\cdots$	b_i	$\cdots$	b_n	$\boldsymbol{b}$
	$\cdots$	$\cdots$	$\cdots$	$\cdots$	$\cdots$	$\cdots$	$\cdots$	$\cdots$
投入总产综		x'_1	x'_2	$\cdots$	x'_i	$\cdots$	x'_n	$\boldsymbol{x}'=\boldsymbol{a}+\boldsymbol{b}+\cdots$
消耗系数方阵	1	a_{11}	a_{12}	$\cdots$	a_{1i}	$\cdots$	a_{1n}	$\boldsymbol{A}$
	2	a_{21}	a_{22}	$\cdots$	a_{2i}	$\cdots$	a_{2n}	
	$\vdots$	$\vdots$	$\vdots$	$\vdots$	$\vdots$	$\vdots$	$\vdots$	
	j	a_{j1}	a_{j2}	$\cdots$	a_{ji}	$\cdots$	a_{jn}	
	$\vdots$	$\vdots$	$\vdots$	$\vdots$	$\vdots$	$\vdots$	$\vdots$	
	n	a_{n1}	a_{n2}	$\cdots$	a_{ni}	$\cdots$	a_{nn}	
消费产综	行政开支	c_1	c_2	$\cdots$	c_i	$\cdots$	c_n	$\boldsymbol{c}$
	国防开支	d_1	d_2	$\cdots$	d_i	$\cdots$	d_n	$\boldsymbol{d}$
	输　出	e_1	e_2	$\cdots$	e_i	$\cdots$	e_n	$\boldsymbol{e}$
	$\cdots$	$\cdots$	$\cdots$	$\cdots$	$\cdots$	$\cdots$	$\cdots$	$\cdots$
消费总产综		z_1	z_2	$\cdots$	z_i	$\cdots$	z_n	$\boldsymbol{z}=\boldsymbol{c}+\boldsymbol{d}+\boldsymbol{e}+\cdots$
基建产综		f_1	f_2	$\cdots$	f_i	$\cdots$	f_n	$\boldsymbol{f}$
净余产综		x_1	x_2	$\cdots$	x_i	$\cdots$	x_n	$\boldsymbol{x}=\boldsymbol{x}'-\boldsymbol{z}-\boldsymbol{f}$
产出产综		y_1	y_2	$\cdots$	y_i	$\cdots$	y_n	$\boldsymbol{y}=\boldsymbol{x}\boldsymbol{A}^{-1}$

在这里要强调的是,数据一定要力求精确可靠,因为一切规划都是建立在原始数据的基础上的,若原始数据不可靠,绝不可能作出正确的计划及比较可靠的预测.

我们以 $\boldsymbol{x}=(x_1,\cdots,x_n)$ 表示净余投入生产的产综,其中分配给 j 部门作为进行再生产的原料的产综是 $(x_{j1},\cdots,x_{jn})$,经过一年(或其他的时间周期),产综以 $\boldsymbol{y}$ 表之.

几点说明:

(1) 如何计算消耗系数,介绍以下两种方法.

(A) 以炼钢耗煤为例. 每一钢厂的每一炉钢都有记录,用煤多少? 累积一个月,可以算得月平均数及其标准离差. 同样也可以计算得年平均数及其标准离差. 国家可以根据各钢厂的产量来加权平均,得出炼一吨钢要用多少煤的消耗系数. 这样做至少有以下几个好处:

① 分清皂白,不至于把生活用煤及其他消耗(如运输消耗)都混在一起;

② 各厂之间可以比先进;

③ 可以经常与世界先进水平比较;

④ 奖励先进有标准,同时对哪些厂应当进行技术更新,或淘汰关停有了依据.

(B) 用计算公式.

$$a_{ij} = x_{ij}/y_i.$$

这个方法容易, 但有时掩盖了一些问题. 如从煤产地运出 α 吨煤, 由于路上遗散, 到钢厂仅有 β 吨, 其差额应当归在哪个部门? 出产的, 使用的, 还是运输的?

(2) 基本建设可能不是一年能完成的. 对每一基建项目, 都该有一统筹图, 用来说明完工的日期. 完工后能增加哪些部门的生产能力, 即对 $\boldsymbol{\eta}$ 的改变(当然, 分几步完成的基本建设, 应步步添加到 $\boldsymbol{\eta}$ 上去).

(3) 我们必须检查是否 $\boldsymbol{y} \leqslant \boldsymbol{\eta}$.

(4) 根据本年底的年终决算表. 修改消耗系数方阵, 作为下一年度计划的根据.

(5) 这里各部门用各自的实物计量单位, 当然也可以统一用币值来计算.

(6) 划分部门要小心, 如把输入输出混为一项 "外贸", 则可能把可分拆误为不可分拆.

(7) 每半年或一季度进行一次检查, 如有突然事件, 则应当立刻调整计划.

(8) 领导上有何指示, 必须对指示算出相应经济效果上报. 如有多种意见, 则分别算出经济效果, 供领导决策参考.

(9) 应当在实践中积累经验, 不断改进. 国外来的新理论, 在接受前先进行理论上的分析, 再在实践中检验.

索　引